Максим Артамонов

Фрактографический анализ усталостного разрушения стали в водороде

Максим Артамонов

Фрактографический анализ усталостного разрушения стали в водороде

LAP LAMBERT Academic Publishing

Impressum / Выходные данные

Bibliografische Information der Deutschen Nationalbibliothek: Die Deutsche Nationalbibliothek verzeichnet diese Publikation in der Deutschen Nationalbibliografie; detaillierte bibliografische Daten sind im Internet über http://dnb.d-nb.de abrufbar.

Alle in diesem Buch genannten Marken und Produktnamen unterliegen warenzeichen-, marken- oder patentrechtlichem Schutz bzw. sind Warenzeichen oder eingetragene Warenzeichen der jeweiligen Inhaber. Die Wiedergabe von Marken, Produktnamen, Gebrauchsnamen, Handelsnamen, Warenbezeichnungen u.s.w. in diesem Werk berechtigt auch ohne besondere Kennzeichnung nicht zu der Annahme, dass solche Namen im Sinne der Warenzeichen- und Markenschutzgesetzgebung als frei zu betrachten wären und daher von jedermann benutzt werden dürften.

Библиографическая информация, изданная Немецкой Национальной Библиотекой. Немецкая Национальная Библиотека включает данную публикацию в Немецкий Книжный Каталог; с подробными библиографическими данными можно ознакомиться в Интернете по адресу http://dnb.d-nb.de.

Любые названия марок и брендов, упомянутые в этой книге, принадлежат торговой марке, бренду или запатентованы и являются брендами соответствующих правообладателей. Использование названий брендов, названий товаров, торговых марок, описаний товаров, общих имён, и т.д. даже без точного упоминания в этой работе не является основанием того, что данные названия можно считать незарегистрированными под каким-либо брендом и не защищены законом о брендах и их можно использовать всем без ограничений.

Coverbild / Изображение на обложке предоставлено: www.ingimage.com

Verlag / Издатель:
LAP LAMBERT Academic Publishing
ist ein Imprint der / является торговой маркой
AV Akademikerverlag GmbH & Co. KG
Heinrich-Böcking-Str. 6-8, 66121 Saarbrücken, Deutschland / Германия
Email / электронная почта: info@lap-publishing.com

Herstellung: siehe letzte Seite /
Напечатано: см. последнюю страницу
ISBN: 978-3-659-39084-5

Содержание

Введение

С учетом развития технологий по использованию водорода в энергетической индустрии, была поставлена задача исследовать материалы, которые планируются использовать для хранения сжатого водорода.

В данной работе приводится фрактографический анализ развития разрушения в материалах, выполненных в японском исследовательском научном центре HYDROGENIUS (Research Center for Hydrogen Industrial Use and Storage) с 2009 по 2010 год.

Изучаемый материал активно используется для хранения водорода. Сталь, JIS-SCM435, применяют для изготовления баллонов с давлением 40MPa, которые используются в экспериментальных японских водородных станциях заправок с подачей давления водорода в 35МПа. Сталь JIS-SNCM439 кандидат на изготовление баллонов с 80 МПа давлением для проектируемых водородных заправок с давлением 70 МПа [1].

Испытания данных материалов были проведены в HYDROGENIUS по методике американского стандарта ASTM на оборудовании, которое позволяет проводить испытания круглосуточно в водородной атмосфере с давлением, достигающим 90МПа (900 атмосфер) и на воздухе, с фиксированием изменения длины и скорости трещины, и вычислением коэффициента интенсивности напряжения (КИН) в процессе проведения испытания. Испытания проводились в водородной атмосфере с давлением 0.6 и 90 МПа и для сравнения также проводились на воздухе.

После испытаний был проведен анализ полученных изломов с помощью растрового электронного микроскопа фирмы "Хитачи» S4800, результаты которого представлены ниже.

Была разработана методика, которая позволяет по фотографиям излома оценить изменение размеров пластической зоны, формируемой перед вершиной усталостной трещины, под воздействием такого фактора как влияние водорода. Это дало возможность объяснить особенности развития усталостного разрушения в материале – сталь JIS-SCM435 и выявить факторы, влияющие на развитие разрушения.

Проведенное исследование выявило закономерности развития разрушения в материале и показало соответствие между сформированной поверхностью разрушения и процессами, реализованными во время разрушения.

На развитие усталостной трещины большое влияние оказывает формирование усталостных бороздок в материале. Появление данного механизма разрушения материала приводит к торможению динамики роста трещины за цикл нагружения материала. На усталостные бороздки в свою очередь влияет размер пластической зоны формируемой перед вершиной трещины, взаимодействие данной зоны с границей зерна металла и воздействие водорода.

Полученные результаты исследования нельзя автоматически обобщить на другие материалы. Разные материалы демонстрируют разную чувствительность к влиянию водорода на процессы, происходящие в материале, в том числе на межзеренное растрескивание, что может оказать существенное значение на продвижение трещины.

Чтобы выяснить, как поведет себя материал при взаимодействии с водородной атмосферой, необходимо проводить полноценные исследования на испытательных оборудованиях, позволяющие учесть влияние водорода на развитие разрушения в материале.

1. Часть. Исследование образцов из материала сталь SCM439, испытанных в водородной атмосфере при давлении 0,6МПа и 90МПа и на воздухе

1.1. Материал и методика для испытания

1.1.1. Материал

Никель-хром молибденовая сталь SCM439 используется в баллонах, рассчитанных на давление 70МПа. Химический состав данного материала показан в Таблица 1. Структура данного материала представлена на Рис.1 и соответствует мартенситному типу. Механические свойства показаны в Таблица 2.

Таблица 1. Химический состав материала – сталь SCM439 (mass %)

	Элементы							
	C	Si	Mn	P	S	Ni	Cr	Mo
Снаружи	0.43	0.28	0.82	0.004	0.002	1.95	0.9	0.23
Внутри	0.43	0.27	0.82	0.005	0.002	1.95	0.91	0.23
Стандартные требования	0.36~0.43	0.15~0.35	0.60~0.90	≤0.03	≤0.03	1.60~2.00	0.60~1.00	0.15~0.30

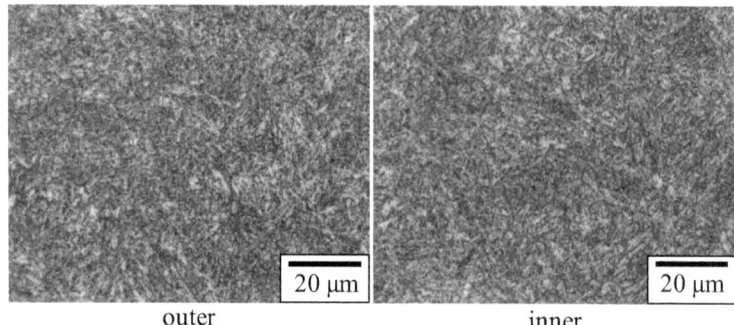

outer   inner

(а) перпендикулярно к окружному направлению

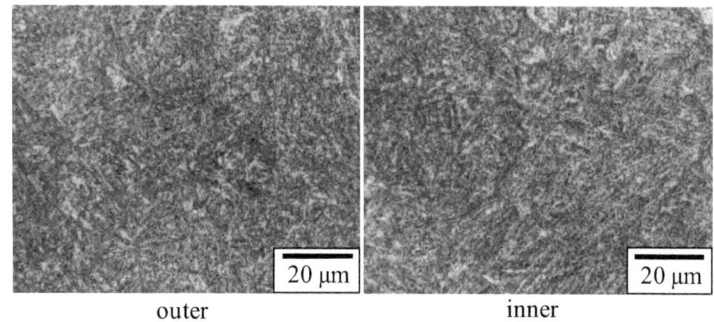

outer   inner

(б) перпендикулярно к продольному направлению

Рис.1.   Оптическое изображение структуры SNCM439.

Таблица 2. Механические свойства стали SNCM439 (δ: удлинение при разрыве; ε: относительное сужение)

		$\sigma_{0.2}$ (МПа)	$\sigma_{В}$ (МПа)	δ (%)	ε (%)
Окружное направление	Внутри	808	927	18	55
	Снаружи	772	910	17	50
Продольное направление	Внутри	801	933	18	60
	Снаружи	750	903	19	60

1.1.2. Методика и условия проведения усталостных испытаний материала

Испытания проводились по методике американского стандарта ASTM-E647 [2]. Образцы вырезались из цилиндров баллонов таким образом, что при испытании трещина в материале располагалась в направлении оси баллона, Рис.2 (а). Сам образец имеет стандартную форму – прямоугольный компактный образец с краевой трещиной для испытаний на внецентренное растяжение, Рис.2 (б). Боковые поверхности образца полировались. Вначале проводилось ручная шлифовка с уменьшением зерна абразива (шлифованная бумага 280; 320; 400; 600; 800; 1000) с последующей полировкой с применением алмазной пасты размерами 7 микрон и 1,25 микрон. Проводилось измерение геометрических размеров образцов, используя измерительную установку с оптическим микроскопом.

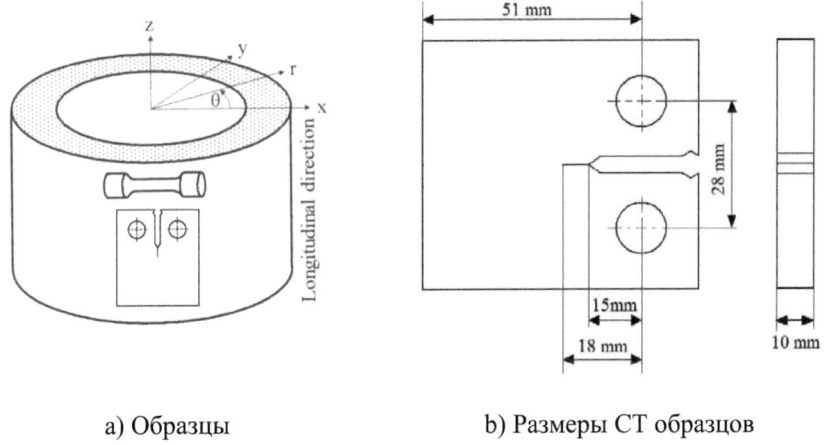

a) Образцы   b) Размеры СТ образцов

Рис.2.   Отбор материала для изготовления образцов на растяжение и образцов типа СТ (а) и размеры СТ образцов (б).

Коэффициент асимметрии цикла нагружения для образца R=0.1. Во время испытания по раскрытию трещины автоматически вычислялся коэффициент концентрации нагрузки, КИН.

Условия, при котором проводились испытания, показаны в Таблица 3. Фотографии образцов показаны на Рис.3.

Таблица 3. Условия проведения испытаний.

ΔK, МПа$\sqrt{m}$ – коэффициент интенсивности напряжений; f, Hz – частота; R – коэффициент асимметрии; dΔK/dl, ГПа/$\sqrt{m}$ – скорость ΔK увеличения или уменьшения; ориентация трещины в- окружном направлении (CD) или продольном направлении (LD); Среда - условие проведения испытания (Воздух или H_2 0.6МПа или H_2 90МПа)

Индекс образца	ΔK, МПа$\sqrt{м}$	f, Гц	R	dΔK/dl, ГПа/$\sqrt{м}$	Ориентация трещины	Среда
SC-6	17 → 5	1	0.5	-2	CD	H_2 (0.6МПа)
SC-10	15 → 35	1	0.5	2	CD	H_2 (0.6МПа)
SI-4	18 → 3.9	20	0.5	-2	CD	Воздух
SI-3	15 → 29.7	20	0.5	2	CD	Воздух
SO-4	17 → 35	1	0.5	2	CD	H_2 (90МПа)
STLI-4	18 → 5	1	0.5	-2	CD	H_2 (90МПа)

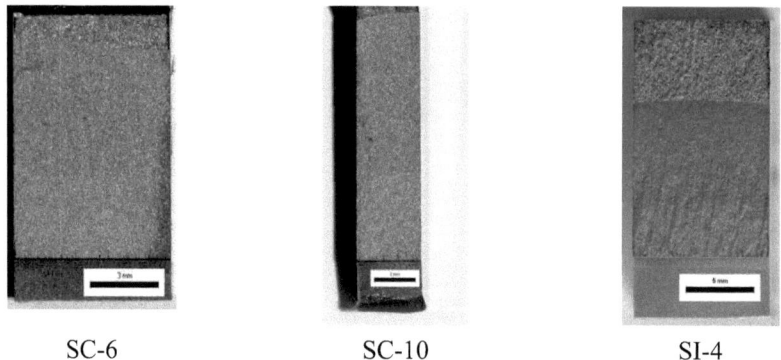

SC-6   SC-10   SI-4

Рис.3.   Оптический вид поверхности разрушения образцов.

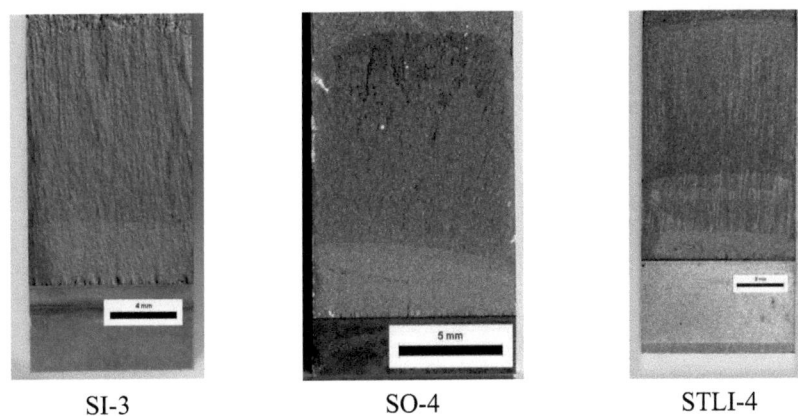

SI-3	SO-4	STLI-4

(продолжение Рис.3) Оптический вид поверхности разрушения образцов.

1.1.3. Методика фрактографического анализа

После испытаний проводилось вскрытие трещин, и исследовались изломы на сканирующем электронном микроскопе (РЭМ). Для определения координат анализируемого участка излома, фиксировались координаты пересечения боковых поверхностей образца с концентратором, от которого и начался рост усталостной трещины. Полученные координаты этих двух точек позволяли вычислять минимальное расстояние от анализированного участка излома до концентратора образца и расстояние до боковых поверхностей образца. Зная расстояние до концентратора, можно было установить величину КИН и среднюю скорость роста трещины для анализируемого участка излома.

Было проведено измерение процентного содержание участков межзеренного разрушения в изломе образца, в зависимости от значения КИН для анализируемого участка.

Использовалась следующая методика: Выбирались пять участков, находящиеся на одной линии, проходящей параллельно фронту трещины. Для этого в управление предметным столиком вводились координаты, такие, что дистанция между этими участками соответствовала 1 мм, а расстояние от боковой поверхности до крайних точек этой группы было как минимум равно 2 мм. Для этих участков изломов, разрушение происходило в одинаковых условиях – величина КИН и средняя скорость роста трещины примерно одинакова. По рассчитанному расстоянию до начала роста усталостной трещины, определялся коэффициент интенсивности напряжения и скорость роста трещины. Если анализируемый участок имел загрязненную или окисленную поверхность, мешающую определению типа излома, то проводилось смещение образца вдоль линии расположения этих участков, до тех пор, пока анализируемая поверхность не приобретала удовлетворительный вид. Для анализа использовалось увеличение "500" и разрешение цифровой фотографии 2560x1920. Размер пикселя при таких условиях соответствовал 0.1 мкм. Данное увеличение было выбрано с учетом максимального охвата площади анализируемого участка и при этом, оставалась возможность отличить внутризеренное разрушение от межзеренного. С помощью программы 'MeX' проводилось измерение площади межзеренного разрушения и вычислялось процентное содержание участков межзеренного разрушения на анализируемом участке поверхности. Для этого, с помощью этой программы, обводился контур каждого участка межзеренного разрушения, которые находились на фотографии излома. Все площади обнаруженных участков межзеренного разрушения суммировались и, зная общую площадь анализируемой фотографии, определялось соотношение межзеренного к внутризеренному разрушению.

Потом проводили смещение образца на 0.5 мм в направлении роста трещины и проводилось фотографирование следующей группы участков излома, состоящих из пяти точек. Все точки находятся на одинаковом расстоянии от концентратора, поэтому уровень напряженного состояния для них примерно одинаков. Для каждой такой группы участков излома вычислялось среднее значение соотношения внутризеренного и межзеренного разрушения, определялись значение коэффициента интенсивности разрушения и средняя скорость роста трещины. Для каждого образца, в среднем, обрабатывалось от 70 до 100 фотографий изломов поверхности.

Для нахождения усталостных бороздок и усталостных линий осуществлялось исследование излома в широком диапазоне увеличений от 1000x до 100000x. Главным критерием определения этих линий, отвечающих за продвижение трещины за цикл нагружения, является наличие стабильности в величине расстояния межу линиями в локальном блоке формирования подобного рельефа поверхности разрушения. Таким образом, определялся лишь относительно стабильный рост усталостной трещины на данном участке. Нестабильные продвижения трещины не фиксировались. В случае определения усталостных линий, формируемых в изломе при испытании в водородной атмосфере, одним из критериев определения таких линий было наличие признаков продолжение данных линий в соседних областях.

1.2. Результаты усталостных испытаний

График динамики роста усталостных трещин в образцах, испытанных на воздухе, в водородной атмосфере с давлением 0.6МПа и 90МПа, показан на Рис.4.

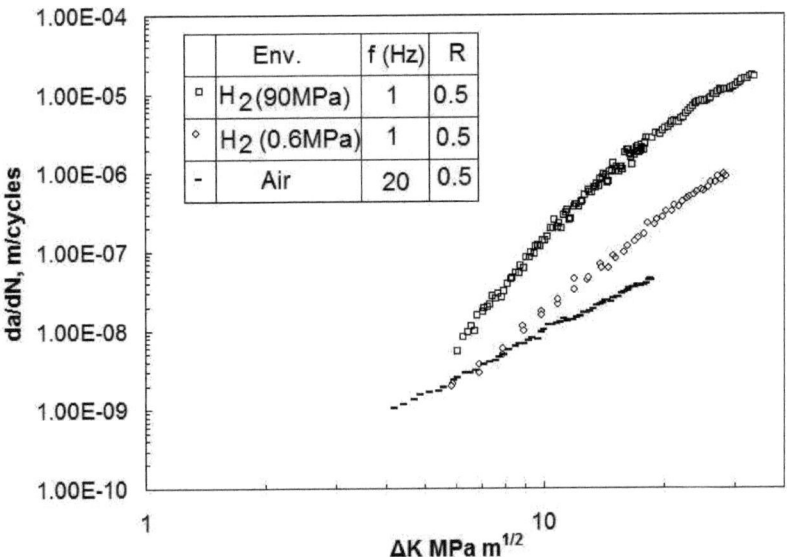

Рис.4.   Кривые роста усталостных трещин в 0.6 МПа и 90 МПа водороде и в воздухе.

Сравнивая динамики роста усталостных трещин в зависимости от ΔК, можно заметить, что скорость роста трещины для образца, испытанного в водородной атмосфере с давлением 0.6 МПа, больше скорости роста трещины образца, который испытывали на воздухе, начиная с значения КИН 7 МПа√м и выше. При меньших значениях КИН, можно предположить, что скорость роста трещины при испытании на воздухе выше, чем при испытании в водороде при давлении 0.6 МПа.

Скорость роста трещины у образца, испытанного в водороде при давлении 90Мпа, больше по сравнению с остальными образцами на всем диапазоне значений КИН, которые использовались при испытании.

1.3. Результаты фрактографического анализа

1.3.1. Фрактографический анализ образцов, испытанных на воздухе

У образцов, испытанных на воздухе, сформированный излом имеет внутризеренный характер с формированием усталостных бороздок при больших КИН, которые сопровождались растрескиванием материала, Рис.5. Растрескивание наблюдалось при значений КИН от 30 МПа√м (максимальное значение КИН, применяемое в испытании) до 18 МПа√м. На локальных участках излома наблюдалось растрескивание материала и при меньших значениях КИН (до 14 МПа√м).

На поверхности излома наблюдаются включения, достигающие размера 250мкм, вытянутые в сторону роста усталостной трещины, Рис.6 (а), и включения, имеющие шарообразную форму диаметром 10мкм, Рис.6 (б). От обоих типов включения наблюдаются зарождение и рост локальных трещин, которые соединяются с основной усталостной трещиной и формируют при этом ступеньки.

Другой тип растрескивания материала являются микротрещины. Микротрещины представляют собой небольшие растрескивания материала, в основном ориентированные параллельно фронту трещины. Средняя длина микротрещин и дистанция между ними увеличивается при увеличении КИН. Если для значения КИН равному $\Delta K = 22$ МПа√м, средний размер микротрещин соответствует 150 мкм а средняя дистанция между микротрещинами равна 70 мкм, то для значения $\Delta K = 12.5$ МПа√м , размер равен 20 мкм, а дистанция между микротрещинами 10 мкм.

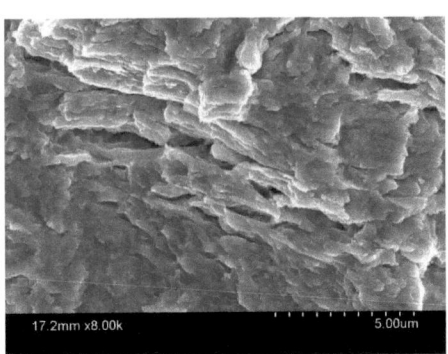 

a) ($\Delta K = 17.1$ МПа√м; da/dN = 3.67Е-08 м/цикл)   b) ($\Delta K = 18.0$ МПа√м; da/dN = 4.30Е-08 м/цикл)

Рис.5.   Поверхности разрушения образцов, испытанных на воздухе, на которых видны растрескивания материала.

Наблюдаются растрескивания материала, находящиеся на границе между участками межзеренного и внутризеренного разрушения. Эти растрескивания материала находятся после зоны межзеренного разрушения, если ориентироваться вдоль направления роста усталостной трещины. Это позволяет предположить, что данные растрескивания являются продолжением межзеренного разрушения в глубь материала.

Начиная со значения КИН $\Delta K = 17$ МПа√м, наблюдаются участки внутризеренного разрушения хрупкого типа, которое соответствует виду разрушения - «строчечность». С уменьшением значения КИН площадь этого вида разрушения увеличивается, Рис.7 (a). В диапазоне значений КИН от $\Delta K =$

11 МПа√м до 5 МПа√м наблюдаются участки межзеренного разрушения, Рис.7 (б) , но общая площадь, занимаемая этим видом разрушения, невелика.

a) (ΔK = 19.0 МПа√м; da/dN = 3.90Е-08 м/цикл)

b) (ΔK = 28.1 МПа√м; da/dN = 1.22Е-07 м/цикл)

Рис.6.   Неметаллические включения в материале испытанного на воздухе.

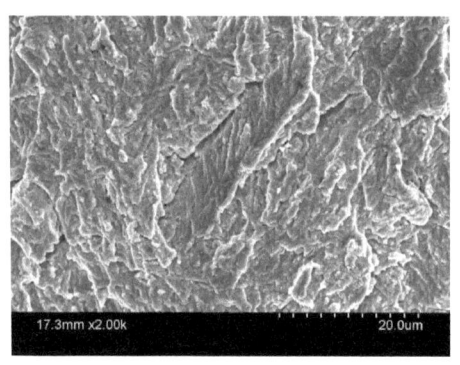

a) (ΔK = 13.8 МПа√м; da/dN = 2.29Е-08 м/цикл)

b) (ΔK = 6.8 МПа√м; da/dN = 3.40Е-09 м/цикл)

Рис.7.   Поверхность разрушения материала испытанного на воздухе.

14

На стадии роста усталостной трещины при пороговых значениях КИН ΔK_{th}, основным механизмом разрушения является формирование рельефа типа строчечности.

На финальной стадии роста трещины при минимальном значении КИН, в изломе видны продукты фреттинга.

1.3.2. Фрактографический анализ образцов, испытанных в водородной атмосфере при давлении 0.6МПа

Фрактографический анализ образцов, испытанных в водородной атмосфере при давлении 0.6МПа показал, что при больших значениях КИН, механизм разрушения соответствует хрупкому фасеточному виду. Общий вид этого разрушения можно разделить на два типа – «крупные» фасетки, достигающие длиной до 20 мкр, Рис.8 (а), и шероховатая поверхность, состоящая из множества мелких, разно-ориентированных фасеток, Рис.8 (б). Участок поверхности, где можно наблюдать «крупные» фасетки находится в диапазоне значений КИН от 24.7 МПа√м до 14.9 МПа√м.

На крупных фасетках наблюдаются ступеньки, ориентированные в направлении роста усталостной трещины. На участках с повышенной шероховатостью таких ступенек много и ориентированы они в произвольных направлениях, Рис.8 (б). Форма таких ступенек отличается от прямых линий, что не совсем соответствует хрупкому фасеточному разрушению, где данные линии отражают кристаллографическую структуру материала. Возможно, создаются эти ступеньки при слиянии множества микротрещин, которые локально формируются в материале в процессе разрушения. На гладких фасетках наблюдаются линии, которые характеризуют рост усталостной трещины.

Локальные направления роста усталостной трещины часто отличаются от генерального направления роста трещины. Вероятностное распределение отклонения роста усталостной трещины от генерального направления показано на Рис.9. Видно, что данное распределение отличается от распределения для образца, испытанного на воздухе.

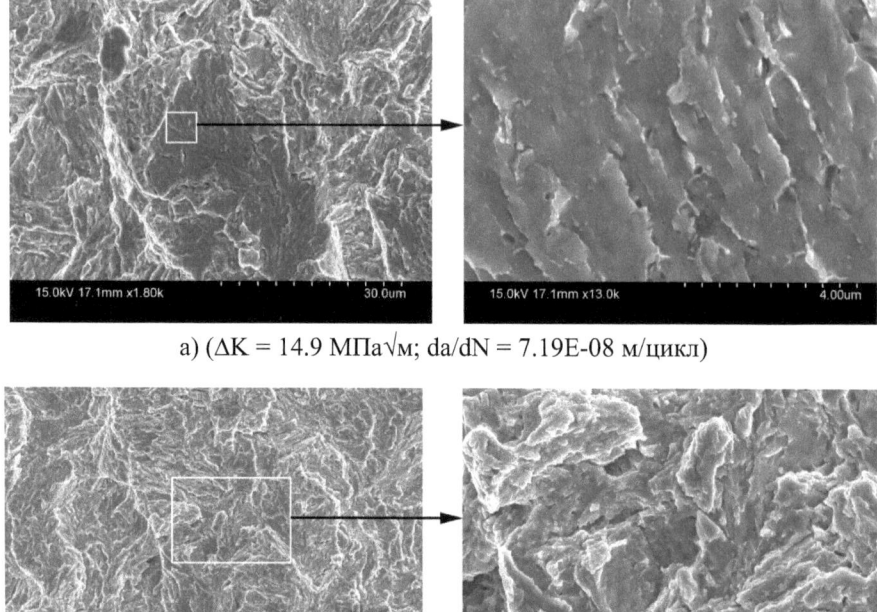

a) (ΔK = 14.9 МПа$\sqrt{}$м; da/dN = 7.19E-08 м/цикл)

b) (ΔK = 16.9 МПа$\sqrt{}$м; da/dN = 1.31E-07 м/цикл)

Рис.8.   Поверхность разрушения материала испытанного в водороде с давлением 0.6 МПа.

На больших значениях КИН, начиная с 20 МПа$\sqrt{}$м и больше, наблюдаются растрескивания материала, длина которых достигают 20-30 мкм и ориентированы они параллельно фронту трещины, Рис.10.

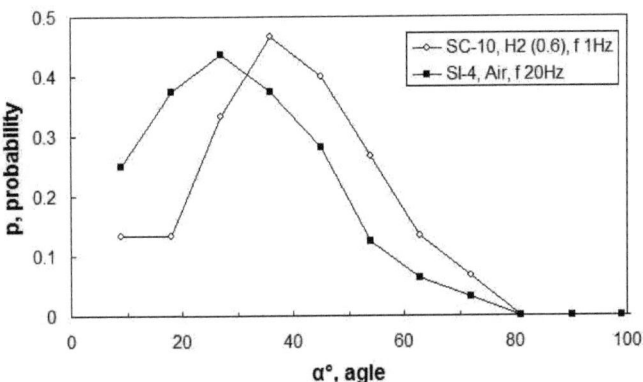

Рис.9.   Вероятностное распределение угла между генеральным направлением и локальным направление трещины α (±9°) для материала испытанного на воздухе и в водороде с давлением 0.6 МПа.

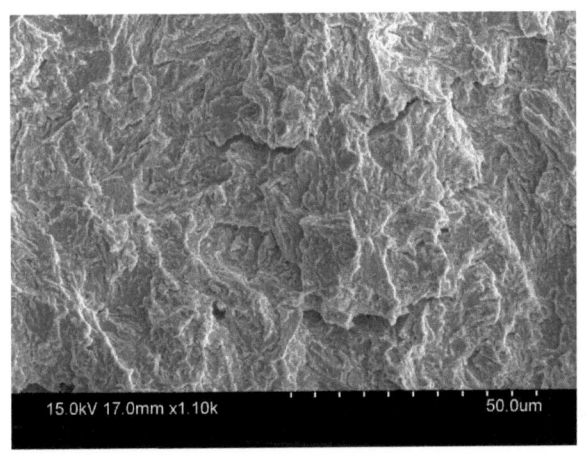

(ΔK = 25.7 МПа√м; da/dN = 6.25Е-07 м/цикл)

Рис.10.   Разрушение в 0.6 МПа водородной атмосфере с растрескиванием.

Начиная с значения КИН 22 МПа√м и меньше, наблюдаются участки межзеренного разрушения, Рис.11(а), общая площадь которых с снижением КИН начинает увеличиваться, достигает максимального значения и затем с

17

уменьшением КИН их площадь уменьшается. На поверхности межзеренного разрушения видны частицы, имеющие шарообразную форму, Рис.11(б). Межзеренное разрушение сопровождается межзеренным растрескиванием.

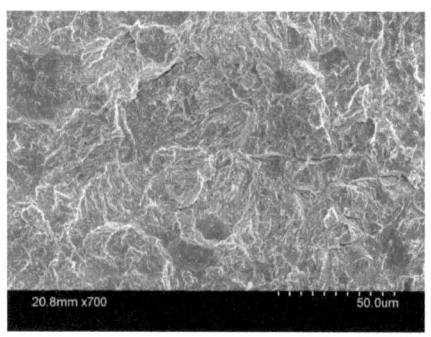 

a) ($\Delta K = 11.9$ МПа√м; da/dN = 3.79E-08 м/цикл)   b) ($\Delta K = 8.9$ МПа√м; da/dN = 1.08E-08 м/цикл)

Рис.11.   Смешанное транскристаллитное и интеркристаллитное разрушение (а) и участок транскристаллитного разрушения (б) у образца испытанного при водороде с давлением 0.6 МПа.

1.3.3. Фрактографический анализ образцов, испытанных в водородной атмосфере при давлении 90 МПа

Фрактографический анализ образцов, испытанных в водородной атмосфере при давлении 90МПа показал, что излом представляет собой смесь из межзеренного и внутризеренного хрупкого разрушения, Рис.12. Развитие разрушения материала сопровождалось глубокими и длинными растрескиваниями материала, ориентированных в направлении роста трещины. Размеры этих растрескиваний зависят от уровня величины КИН; при повышении значений КИН, длина растрескиваний увеличивается и при значении $\Delta K \approx 30$ МПа√м- достигает 0.5 мм. В основном растрескивания внутризеренные, но наблюдаются и межзеренные растрескивания, которые сопровождают межзеренное разрушение материала.

18

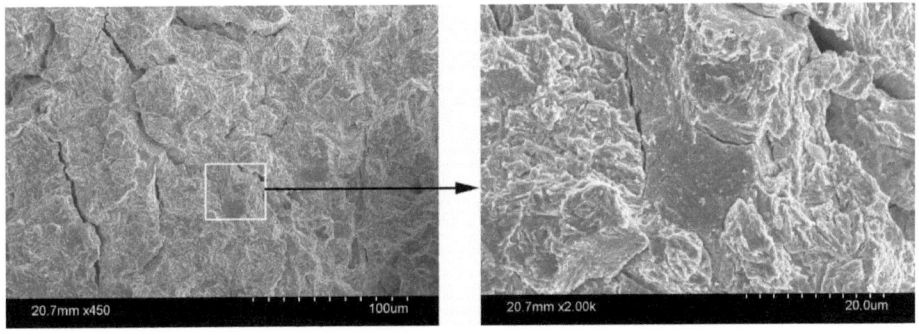

(ΔK = 33.6 МПа√м; da/dN = 1.70E-05 м/цикл)

Рис.12.   Излом с растрескиванием материала у образца испытанного в водороде с давлением 90 МПа.

Излом в основном представляет собой хрупкое внутризеренное разрушение материала фасеточного типа, имеющий шероховатую поверхность, Рис.13(a). Локально видны гладкие фасетки достигающие размера 20мкм, Рис.13(б).

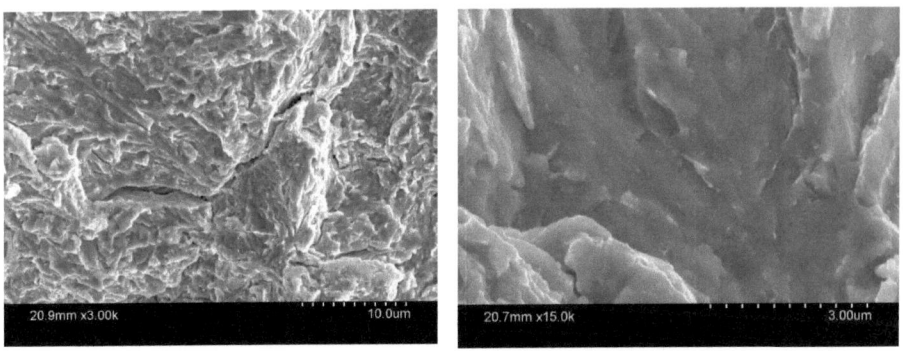

a) (ΔK = 24.1 МПа√м; da/dN = 7.37E-06   b) (ΔK = 15.7 МПа√м; da/dN = 1.11E-06
м/цикл)   м/цикл)

Рис.13.   Шероховатая поверхность (a) и гладкая фасетка (б) образца испытанного в водороде с давлением 90 МПа.

На всем диапазоне КИН, использующегося в испытании (от 6 МПа√м до 35.7 МПа√м), наблюдаются участки межзеренного разрушения. На поверхности межзеренного разрушения видны частицы, имеющие шарообразную форму, а их размеры в пределах от 100 до 200 нм, Рис.14.

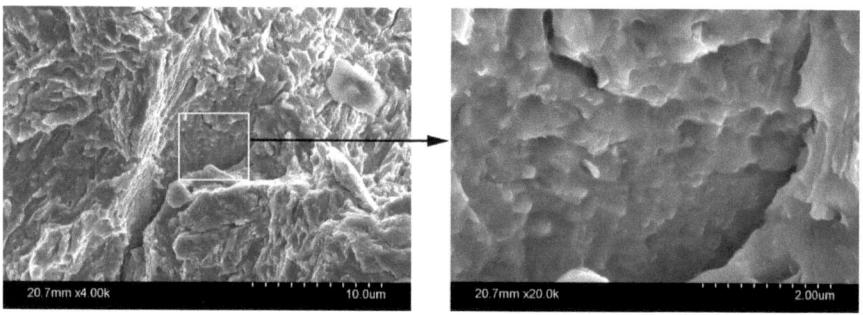

(ΔK = 24.1 МПа√м; da/dN = 7.37E-06 м/цикл)

Рис.14.   Смешанное транскристаллитное и интеркристаллитное разрушение у образца испытанного при водороде с давлением 90 МПа.

Анализ излома разрушенных образцов показал наличие внутри материала участков локальных очагов усталостных трещин. Предположительно очагами таких трещин являются поверхности границ зерен. На поверхности таких очагов были обнаружены шарообразные частицы, имеющие размеры 100нм в диаметре, Рис.15. Похожие частицы наблюдались на поверхности участков межзеренного разрушения.

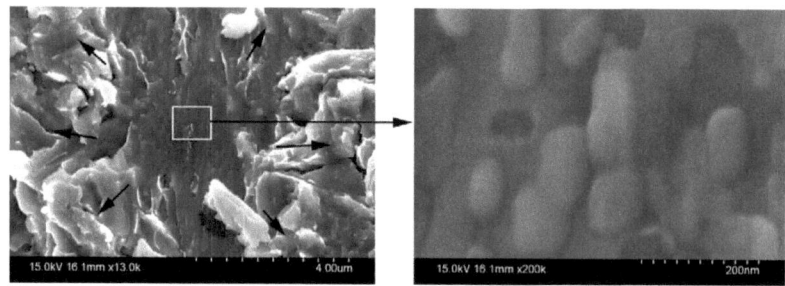

(ΔK = 19.3 МПа√м; da/dN = 3.15E-06 м/цикл)

Рис.15.   Поверхность разрушения образца испытанного при давлении водорода 90 МПа.

1.3.4. Усталостные бороздки и усталостные линии

Диаграмма распределения размеров усталостных бороздок в зависимости от КИН для образцов испытанных на воздухе, в водородной атмосфере с давлением 0.6МПа и 90 МПа показаны на Рис.16.

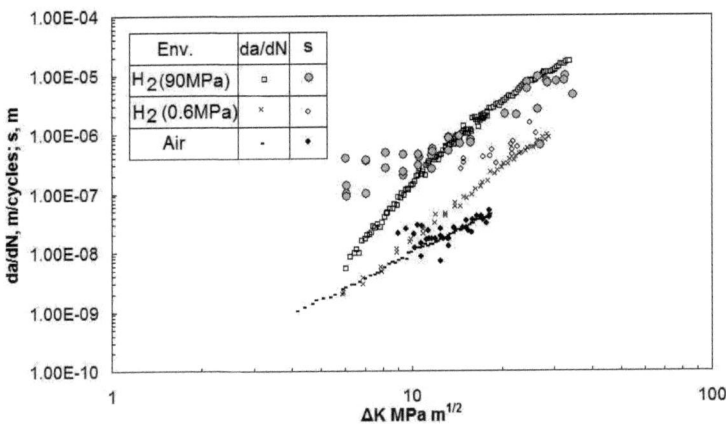

Рис.16.   Скорость усталостной трещины, da/dN,и размер усталостной бороздки, s, у образцов, испытанных на воздухе и при давлении водорода 0.6 и 90 МПа.

Анализ изломов образцов испытанных при воздействии водорода показывает, что на гладких фасетках можно визуально выделить условные линии, Рис.17 (б). Можно предположить, что данные линии сформировались в процессе остановки и старта трещины во время изменения цикла нагружения. Поверхность между этими линиями в основном однородна. Форма таких линий значительно   отличается   от   формы   усталостных   бороздок,   которые формируются при испытании на воздухе. Механизм формирования таких линий видимо также отличается от механизма формирования усталостных бороздок традиционного типа и по-видимому соответствует модели 'Hydrogen-Induced Striation Formation Mechanism' где концентрация водорода в вершине трещины способствует проскальзыванию трещины за цикл нагружения [3]. Поэтому усталостные бороздки можно разделить на два типа. Первый тип усталостных бороздок -«pl», имеет традиционный вид Рис.17 (а). второй тип - «br», формируется под воздействием водорода, Рис.17 (б).

Для образцов, испытанных на воздухе, форма усталостных бороздок имеет традиционный вид и соответствует типу «pl». Рис.17(а). Размер усталостных бороздок соответствует средней скорости роста усталостной трещины в диапазоне значений КИН от 13.4 МПа√м и больше. Для значений КИН меньше величины 13.4 МПа√м, наблюдается стабилизация размера усталостных бороздок на уровне 0.02 мкм. Дисперсия между средней скорости роста трещины и размером усталостных бороздок увеличивается при снижении величины КИН, Рис.18.

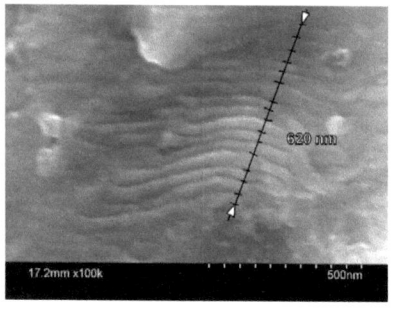 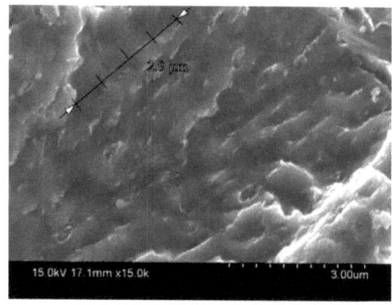

a) (ΔK = 17.0 МПа√м; da/dN = 3.69E- b) (ΔK = 21.8 МПа√м; da/dN = 3.63E-07
08 м/цикл; s= 0.041 мкм.)   м/цикл; s= 0.73 мкм.)

Рис.17.   Усталостные бороздки типа 'pl' сформированные при испытаниях
на воздухе (а) и типа 'br' сформированные в 0.6 МПа водороде (б).

Это показывает, что в этой области, кристаллографическая структура материала оказывает воздействие на локальный рост усталостной трещины и существует большой разброс в скорости роста трещины на различных участках излома при одинаковом значении КИН. Площадь излома, где формируются усталостные бороздки, не является максимальной и основной механизм разрушения соответствует формированию хрупкого фасеточного разрушения.

Для образцов, испытанных при водородной атмосфере с давлением 0.6Мпа, наблюдаются специфические линии, форма которых соответствует

22

усталостным бороздкам хрупкого типа «br», Рис.17 (б). Минимальное расстояние между такими линиями равно 0.2мкм.

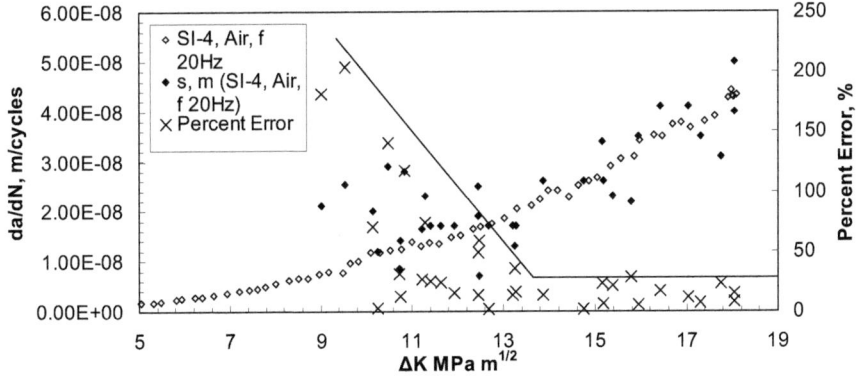

Рис.18.   Диаграмма скорости роста трещины, длины усталостной бороздки и дисперсия между средней скорости роста трещины и размером усталостных бороздок.

Размер таких усталостных линий (среднее расстояние между ними) больше, чем средняя скорость роста трещины. С повышением КИН разница между размером усталостных линий и средней скоростью роста трещины уменьшается и при значении КИН 26.9 МПа√м средняя скорость роста трещины равна размеру усталостных линий.

Для образцов, испытанных в водородной атмосфере с давлением 90Мпа, наблюдаются усталостные линии, форма которых соответствует хрупким усталостным бороздкам типа «br». Рис.19. Наблюдаемый минимальный размер таких линий (0.2мкм) соответствует минимальному размеру усталостных линий, формируемых в образцах испытанных при давлении водорода 0.6МПа.

Важно отметить, что характер изменения расстояния между усталостными линиями и средней скоростью роста трещины аналогичен образцу, испытанного при давлении 0.6МПа – при малых значениях КИН, скорость роста трещины меньше размеров усталостных линий, но при увеличении КИН эта разница уменьшается и при достижении величины КИН 11 МПа√м средняя скорость роста трещины равна размеру усталостных линий. При дальнейшем увеличении КИН размер усталостных линий отстает от средней скорости роста трещины, Рис.16.

(ΔK = 22.3 МПа√м; da/dN = 4.89E-06 м/цикл; s= 4.89 мкм.)

Рис.19.   Усталостные бороздки в образце испытанного при давлении водорода 90МПа.

1.3.5. Зависимость доли межзеренного разрушения в изломе от КИН

Было проведено измерение изменения соотношения межзеренного разрушения к внутризеренному в зависимости от величины КИН для образцов испытанных на воздухе и в водороде при давлении 0.6 и 90 МПа. Диаграмма данных распределений показана на Рис.20.

Для образца, испытанного на воздухе, максимальная величина усредненных значений площади межзеренного разрушения равна 8.8% (с локальным максимумом 15.5%) при ΔK = 8.78 МПа√м. Диапазон значений КИН, при которых наблюдаются участки с межзеренным разрушением, небольшой (от 5 МПа√м до 12 МПа√м).

24

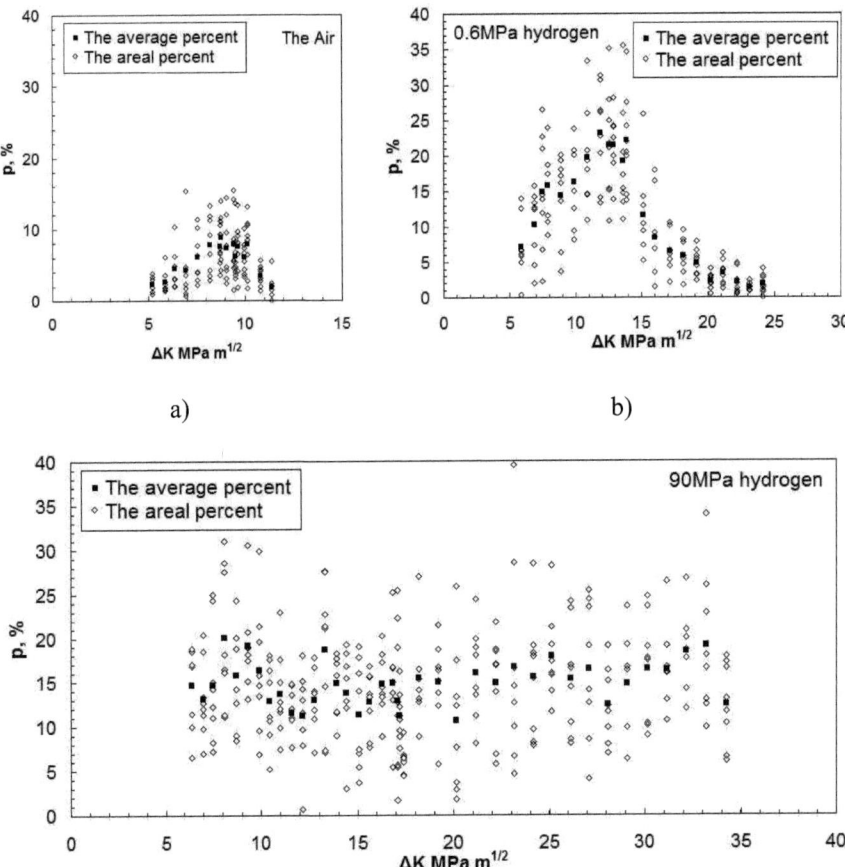

Рис.20.   Распределение процента состава межзеренного разрушения в изломе образцов испытанных на воздухе (а), в водороде с давлением 0.6 МПа (б) и 90 МПа (с).

Анализ распределения процентного содержания межзеренного разрушения для образца испытанного в водороде при давлении 0.6МПа показал, что значение КИН, при котором усредненное значение площади межзеренного излома максимально, изменилось по сравнению с образцом испытанного на воздухе и равен 13 МПа√м . Так же увеличилось максимальное значение процентного содержания межзеренного разрушения до 21% (с локальным максимумом 35%). Диапазон КИН, при котором наблюдается наличие межзеренного разрушения по сравнению с образцом испытанного на воздухе, расширился (от 5 МПа√м до 25 МПа√м), Рис.20 (б).

Для образца, испытанного при давлении водорода 90 МПа, на всем диапазоне значений КИН наблюдается наличие участков межзеренного разрушения, Рис.20 (с). Максимальное значение процентного содержания межзеренного разрушения равно 20%. При этом наблюдается сильный разброс усредненных значений процентного содержания доли межзеренного разрушения в изломе. Важно отметить, что на диапазоне значений КИН, при которых для образца испытанного на воздухе наблюдается наличие участков межзеренного разрушения (от 5 МПа√м до 12 МПа√м), и у образца, испытанного в водороде, наблюдается локальный пик в графике распределения процентного содержании межзеренного разрушения, форма которого повторяет форму данного типа распределения для образца, испытанного на воздухе, Рис.20 (с). Значение КИН, при котором для этого локального пика значение процентного содержания межзереного разрушения максимально, совпадает с величиной КИН, отвечающего максимальному значению процентного содержания межзереного разрушения для образца испытанного на воздухе.

1.4. Анализ результатов исследования

Для образцов, испытания которых проходили на воздухе при больших значениях КИН, наблюдается внутризеренное разрушение с формированием усталостных бороздок, которое сопровождалось растрескиванием материала. На изломе материала видны включения, достигающие в длину 250мкм и вытянутые в сторону роста усталостной трещины и включения шарообразной формой с диаметром 10 мкм. От многих этих включений видны развитие вторичных трещин, которые впоследствии соединялись с основной магистральной трещиной.

Фрактографический анализ образцов, испытания которых проходили в водороде с давлением 0.6 и 90 МПа показал, что тип излома соответствует хрупкому внутризеренному разрушению фасеточного вида. Данный вид разрушения можно разделить на два типа – гладкие фасетки, достигающие в размере до 20 мкм, и поверхность с повышенной шероховатостью, состоящая из множества ступенек скола и ступенек соединений микротрещин.

У образцов, испытания которых проходили на воздухе, форма усталостных бороздок имеет традиционный вид и соответствует типу "br". Размер усталостных бороздок соответствует средней скорости роста трещины при значениях КИН от 13.4 МПа√м и больше. При меньших значениях КИН наблюдается стабилизация размера усталостных бороздок и их размер примерно равен 0.02 мкм, Рис.21(а). Дисперсия между средней скоростью роста трещины и размером усталостных бороздок возрастает при уменьшении КИН. Этот эффект можно объяснить взаимодействием между пластической зоной формируемой от вершины трещины и границей зерна. Усталостные бороздки начинают формироваться в тех зернах материала, у которых ориентировка кристаллической структуры благоприятствует формированию усталостных бороздок.

В зоне, где стабилизируется размер усталостных бороздок, начинают появляться участки межзеренного разрушения, Рис.21. Это указывает на связь между формированием межзеренного разрушения, с размером пластической зоны от вершины трещины и размером зерна. Похожая ситуация наблюдается и для образцов, испытания которых проходили в водороде.

Когда при уменьшении КИН начинают появляться участки с межзеренным разрушением у образца, испытанного при давлении водорода 0.6 МПа, происходит стабилизация размеров усталостных бороздок. Так как, тип усталостных бороздок является 'br', то стабилизация начинается при размере усталостных бороздок равному 0.2 мкм. Одновременно на изломе с понижением КИН начинают появляться участки с межзеренным разрушением, Рис.21 (б).

Максимальное значение процентного соотношения межзеренного разрушения для образцов испытанных при водороде с давлением 0.6МПа больше чем у образцов испытанных на воздухе, Рис.22.

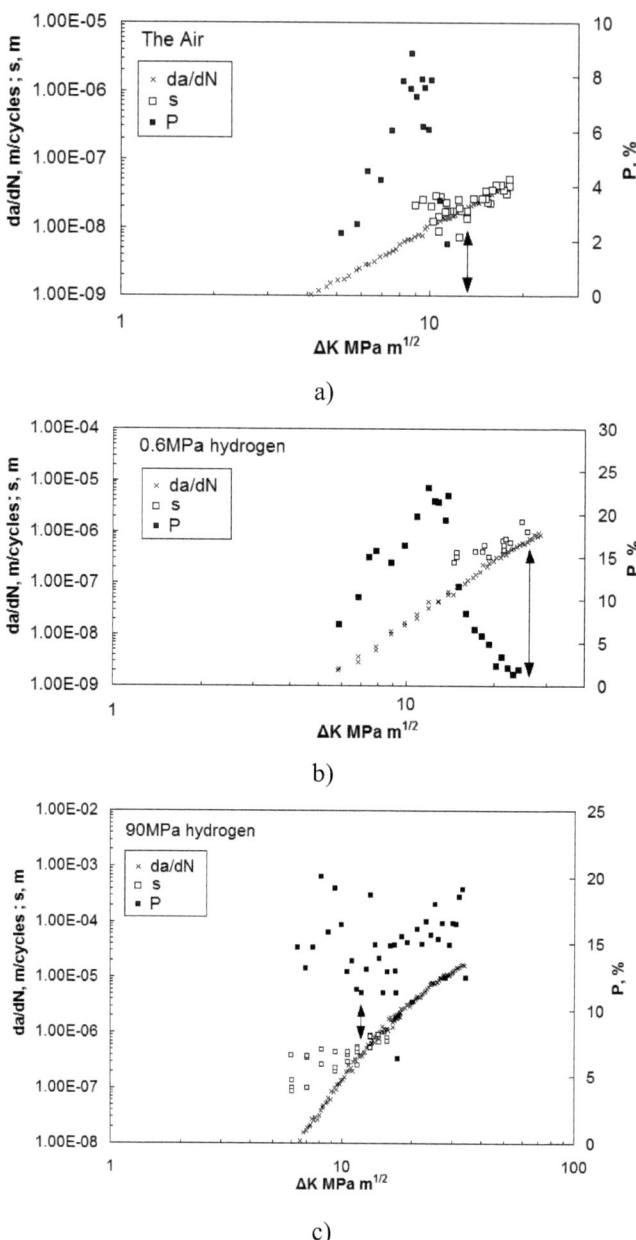

Рис.21. Совмещенный график зависимости da/dN-ΔK, s-ΔK и p-ΔK для образцов испытанных на воздухе и в водороде с давлением 0.6 МПа и 90 МПа.

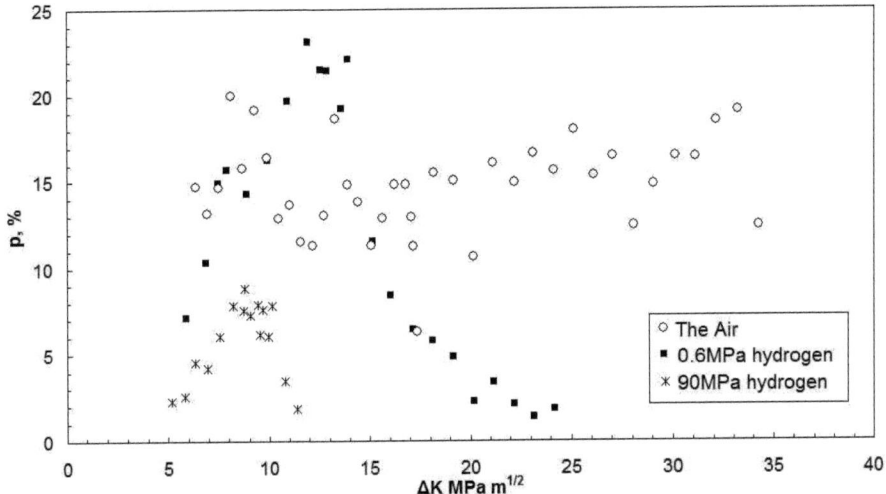

Рис.22.   Распределение среднего процента состава межзеренного разрушения в изломе образцов испытанных на воздухе, 0.6 МПа и 90 МПа водороде.

Это указывает, что природа формирования межзеренного разрушения для данного материала является суперпозицией взаимодействия между пластической зоной, формируемой трещиной, и размером зерна с одной стороны и влиянием водорода на межзеренное растрескивание материала с другой [4].

Уменьшение пластической зоны вследствие упрочнения материала под воздействием водорода приводит к смещении локального пика максимума межзеренного разрушения в область больших значений КИН.

У образца, испытанного при давлении водорода 90МПа, также стабилизация усталостных бороздок типа 'br' происходит при появлении в распределении процентного содержания межзеренного разрушения локального пика, который непосредственно связан с взаимодействием между пластической зоной, сформированной от вершины трещины, и границей зерна. Расположение локального пика значений процентного содержания межзеренного разрушения совпадает с расположением распределения межзеренного разрушения для образцов испытанных на воздухе.

29

Полученные результаты позволяют предположить, что в случае развития разрушения материала в водороде с давлением 0.6МПа размер пластической зоны, формируемой от вершины трещины, меньше, чем для образца, испытанного на воздухе. При испытании в водороде с давлением 90МПа, влияние водорода на формирование межзеренного излома усиливается, а размер пластической зоны, формируемой у вершины трещины, увеличивается и соответствует образцу испытанного на воздухе.

1.5. Выводы анализа для материала SCM439

Для образцов из материала SNCM439, испытанных на воздухе:

1. При больших значениях КИН наблюдается внутризеренное разрушение материала с формированием усталостных бороздок, которое сопровождается растрескиванием материала.

2. В материале видны включения, от которых локально распространялись усталостные трещины.

3. До величины $\Delta K = 17$ МПа$\sqrt{}$м, механизм разрушения материала соответствует механизму строчечности.

4. В диапазоне значений ΔK от 11 МПа$\sqrt{}$м до 5 МПа$\sqrt{}$м наблюдаются локальные участки межзеренного разрушения, но доля такого типа разрушения не велика и максимально достигает 8.8% (с локальным максимумом 15.5%) при значении $\Delta K = 8.78$ МПа$\sqrt{}$м.

5. Размер усталостных бороздок соответствует средней скорости роста усталостной трещины после достижении величины $\Delta K = 13.4$ МПа$\sqrt{}$м. При значении ΔK меньше 13.4 МПа$\sqrt{}$м средний размер усталостной бороздки стабилизируется на величине 0.02 мкм.

6. В ходе стабилизации размера усталостной бороздки наблюдаются участки межзеренного разрушения материала.

Для образцов из материала SNCM439, испытанных в водороде с давлением 0,6 МПа:

1. При больших значениях ΔK, тип излома соответствует хрупкому фасеточному разрушению.

2. В диапазоне значений ΔK от 5 МПа$\sqrt{}$м до 25 МПа$\sqrt{}$м наблюдаются локальные участки межзеренного разрушения. Доля такого типа разрушения достигает 23.15% (с локальным максимум 35.6%) при значении ΔK 11.87 МПа$\sqrt{}$м.

3. Локальное ориентирование направления роста трещины отлично от магистрального направления роста усталостной трещины.

4. Размер усталостных линий больше средней скорости роста усталостной трещины. С увеличением ΔK эта разница уменьшается.

5. Размер пластической зоны от вершины трещины меньше, чем для образца, испытанного на воздухе.

6. Тип усталостных бороздок соответствует типу 'br'.

7. От значения ΔK = 26.9 МПа$\sqrt{}$м и меньше, средний размер усталостных бороздок стабилизируется на величине 0.2 мкм.

8. В зоне, где стабилизируется размер усталостных бороздок, начинают появляться участки межзеренного разрушения.

Для образцов из материала SNCM439, испытанных в водороде с давлением 90 МПа:

1. Тип излома соответствует хрупкому фасеточному разрушению, которое при больших значениях ΔK сопровождается глубоким и длинным растрескиванием материала, ориентированным в направлении роста усталостной трещины.

2. На всем диапазоне значений ΔK, наблюдаются участки межзеренного разрушения.

3. Анализ излома показал наличие локальных очагов вторичных усталостных трещин.

4. Размер пластической зоны от вершины трещины аналогичен размеру пластической зоны у образца, испытанного на воздухе.

5. Тип усталостных бороздок соответствует типу 'br'.

6. В зоне, где профиль распределения доли межзеренного разрушения подобен профилю распределения для образца испытанного на воздухе, наблюдается стабилизация размера усталостных бороздок (0.2 мкм).

2. Часть. Исследование образцов из материала сталь SCM435, испытанных в водородной атмосфере при давлении 0,6МПа и 90МПа и на воздухе

2.1. Материал и методика для испытания

2.1.1. Материал

Хромо молибдатная сталь SCM435 имеет мартенситную структуру. Данный материал был вырезан из баллонов хранения сжатого водорода, рассчитанных на давление 25МПа и 35МПа.

Химический состав данного материала показан в Таблица 4. Механические характеристики представлены в Таблица 5.

Структура и микроструктура данного материала представлена на Рис.23, Рис.24.

Термообработка образцов под номерами I-5, I-4, I-6, I-7 (Тип структуры В) была отлична от термообработки образцов под номерами КН-23, КН-24, КН-25, КН-22, КН-21 (Тип структуры А). После различной термообработки, структуры у образцов одинаковы, однако микроструктура материала вырезанного из баллона, рассчитанного на давление 35Мпа (Тип структуры А), более мелкая по сравнению с материалом со структурой типа В и по границам зерен у материала образовались участки с мартенситной структурой и двойникование, что привело к повышению механических свойств данного материала, Рис.23,Рис.24.

Таблица 4. Химический состав материала – сталь SCM435, с разной структурой (структура А и В).

Тип микроструктуры		Элементы						
		C	Si	Mn	P	S	Cr	Mo
Тип А (баллоны для 35 МПа давления)	Центр	0.38	0.22	0.79	0.006	0.004	1.10	0.23
	Наружный слой	0.37	0.22	0.84	0.012	0.005	1.15	0.24
Тип В (баллоны для 20 МПа давления)		0.30	0.32	0.62	0.029	0.011	0.91	0.19
Стандартные требования	максимальная величина	0.38	0.35	0.85	0.030	0.030	1.20	0.30
	минимальная величина	0.33	0.15	0.60	-	-	0.90	0.15

Таблица 5. Механические свойства стали LIS-SCM435 применяемой для изготовления 35 МПа и 20 МПа баллонов (в окружном направлении) (δ: удлинение при разрыве; ε: относительное сужение).

Тип микроструктуры	Механические свойства			
	$\sigma_{0.2}$ (МПа)	σ_{B} (МПа)	δ (%)	ε (%)
35 МПа (Тип А)	671	824	8	72
20 МПа (Тип В)	650	807	7	61

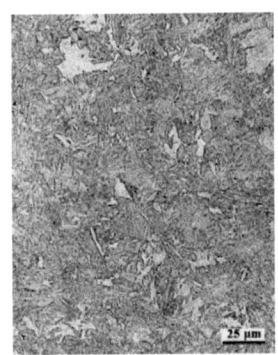 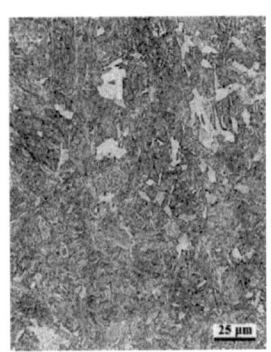

Центр   Снаружи

Перпендикулярно к окружному направлению.

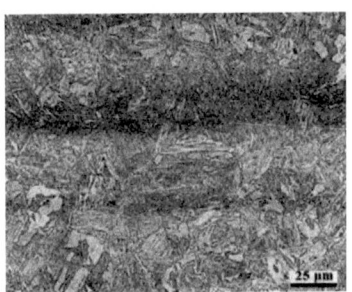

Центр   Снаружи

Перпендикулярно к продольному направлению.

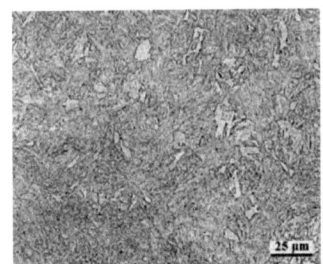

Центр   Снаружи

Перпендикулярно к радиальному направлению.

Рис.23.   Оптическое изображение закаленного мартенсита SCM 435 для 35МПа баллонов (тип А).

 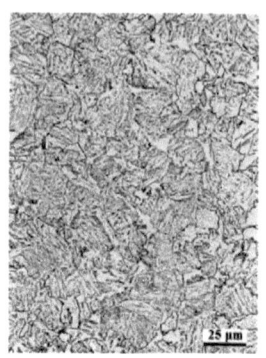

Центр   Снаружи

Перпендикулярно к окружному направлению.

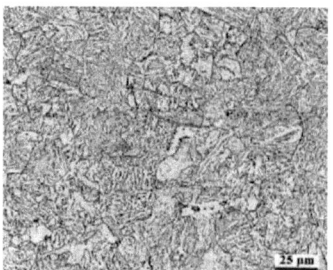

Центр   Снаружи

Перпендикулярно к продольному направлению.

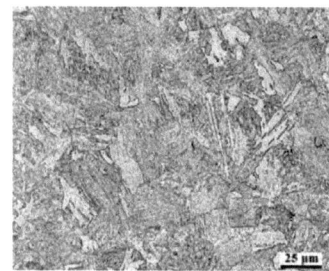 

Центр   Снаружи

Перпендикулярно к радиальному направлению.

Рис.24.   Оптическое изображение структуры закаленного мартенсита SCM
435 для 20МПа баллонов (тип В).

2.1.2. Методика и условия проведения усталостных испытаний материала

Методика испытания соответствует методике, которая использовалась для исследования материала SCM439 (смотри пункт 1.1.2).

Коэффициент асимметрии цикла нагружения для образца R=0.1. Во время испытания по раскрытию трещины автоматически вычислялся коэффициент концентрации нагрузки, КИН. Для исключения влияния концентратора, для образцов I-4, I-5, KH-23, KH-24, KH-25 вначале проводилось выращивание усталостной трещины на глубину 3 мм на воздухе, с частотой 20 Гц с синусоидальной формой нагружения и с постоянным значением КИН. Для образцов I-6, I-7, KH-22, KH-21, первоначально выращивалась трещина на глубину 1.5 мм на воздухе, с частотой 20 Гц, и с последующим ростом в водородной атмосфере при давлении 0.6 МПа и частоте нагружения 10 Гц до достижения длины усталостной трещины 3мм. Для образцов KTL-1, KTL-17, KTL-52 трещина также вначале выращивалась на воздухе до глубины 1.5 мм, с частотой 20 Гц и затем в водородной атмосфере при давлении 90 МПа и частоте нагружения 5 Гц до 3 мм.

Условия, при котором проводились основные усталостные испытания, показаны в Таблица 6. Фотографии изломов образцов, полученных после испытаний, показаны на Рис.25.

Для образцов I-4, I-5, KH-23, KH-24, KH-25 испытания проводились на воздухе с частотой 20 Гц, образцы KH-22, KH-21, I-6, I-7 с частотой 5 Гц в водородной атмосфере при давлении 0.6МПа, образцы KTL-1, KTL-17, KTL-52 с частотой 1 Гц в водороде при давлении 90МПа.

Для образцов I-4, I-5, KH-23, KH-24, KH-25, KH-25, KH-24, KH-23, KH-22, KTL-1, KTL-17, размах коэффициента интенсивности напряжения (КИН) уменьшался по мере роста трещины со скоростью -2 МПа/мм. Образцы I-7 и KH-22 испытывали при постоянных значениях максимальной и минимальной нагрузки. У образца KTL-52 в процессе испытания КИН изменялся со скоростью 2 МПа/мм.

37

Таблица 6. Условия проведения испытаний.

ΔK, МПа√m – коэффициент интенсивности напряжений; f, Hz – частота; R – коэффициент асимметрии; dΔK/dl, GPa/√m – скорость ΔK увеличения или уменьшения; ориентация трещины - окружном направлении (CD) или продольном направлении (LD); Среда - условие проведения испытания (Воздух или H_2 0.6МПа или H_2 90МПа).

Индекс образца	Тип термообработки	ΔK, МПа√м	f, Hz	R	dΔK/dl, ГПа/√м	Ориентация трещины	Среда
KH-25	A	24 → 7.5	20	0.1	-2	LD	Воздух
KH-24	A	50 → 17	20	0.1	-2	LD	Воздух
KH-23	A	20 → 7.4	20	0.1	-2	LD	Воздух
KH-22	A	40 → 8.6	5	0.1	-2	LD	H_2 (0.6МПа)
KH-21	A	40 → 81	5	0.1		LD	H_2 (0.6МПа)
I-4	B	25 → 8.8	20	0.1	-2	LD	Воздух
I-5	B	50 → 10	20	0.1	-2	LD	Воздух
I-6	B	40 → 9.6	5	0.1	-2	LD	H_2 (0.6МПа)
I-7	B	40 → 81	5	0.1		LD	H_2 (0.6МПа)
KTL-1	A	30 → 6	1	0.1	-2	CD	H_2 (90МПа)
KTL-17	A	55 → 25	1	0.1	-2	CD	H_2 (90МПа)
KTL-52	A	25 → 55	1	0.1	2	CD	H_2 (90МПа)

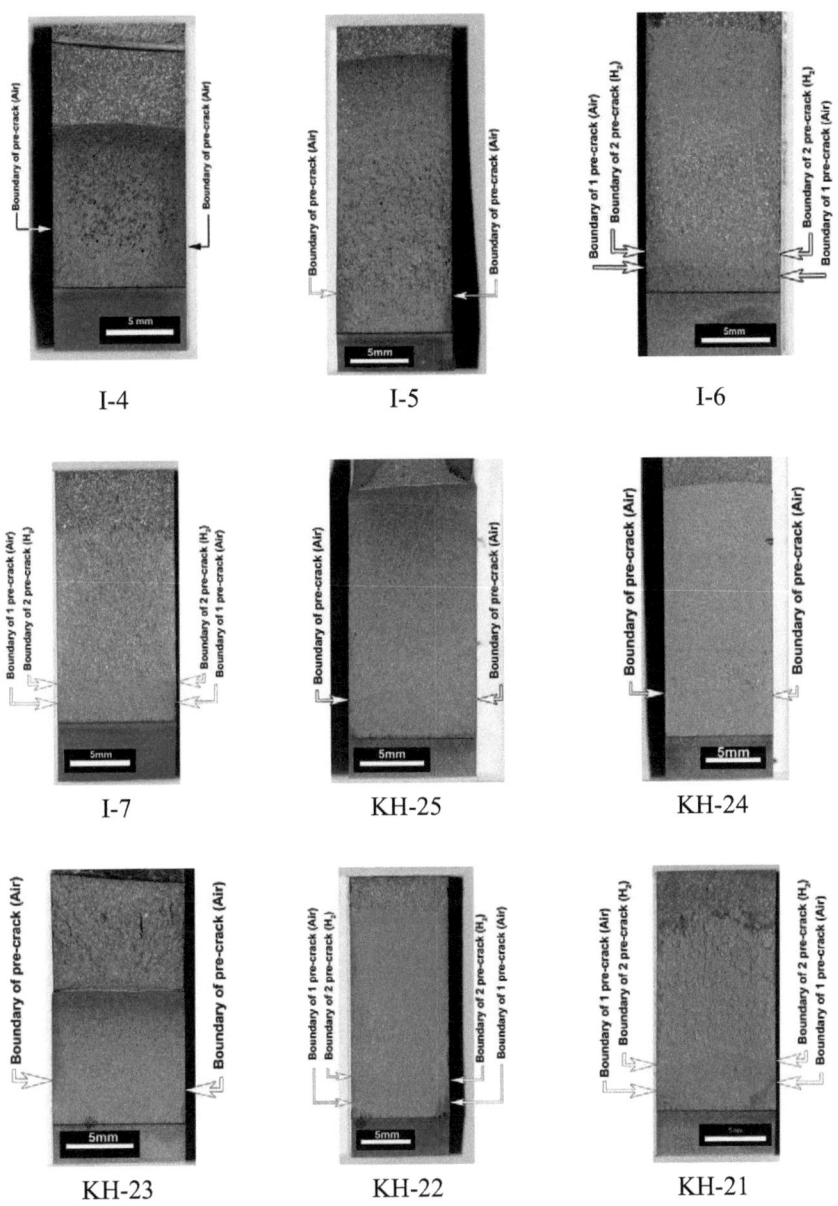

Рис.25.   Оптический вид поверхности разрушения образцов.

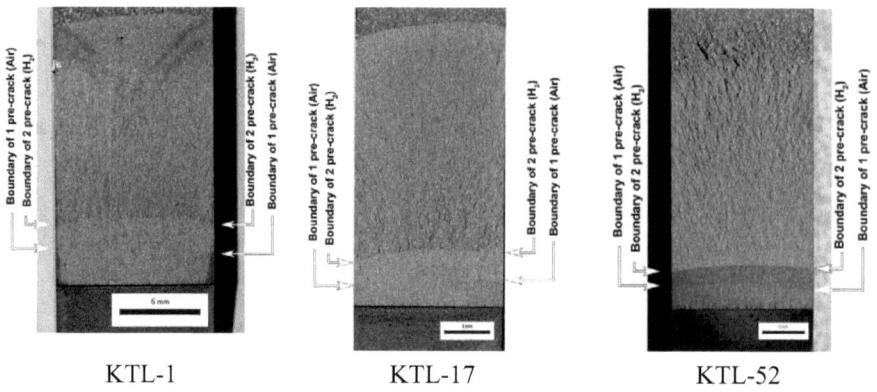

KTL-1   KTL-17   KTL-52

(Продолжение Рис.25) Оптический вид поверхности разрушения образцов.

2.1.3. Методика фрактографического анализа

Методика анализа аналогична той, которая использовалась для материала SCM439 (смотри пункт 1.1.3).

2.2. Результаты испытания образцов

Полученная динамика роста трещин для образцов, испытанных на воздухе и в водородной атмосфере при давлениях 0.6 и 90 МПа показана на Рис.26, Рис.27, Рис.28.

Результаты испытаний образцов испытанных на воздухе показывают, что для структуры типа А значения ΔK_{th} находятся в области 7.4 МПа$\sqrt{}$м, а для структуры типа В - ΔK_{th} находятся в области 9.1 МПа$\sqrt{}$м, Рис.27 (а). В целом скорость роста трещины для образцов со структурой типа В ниже до значения КИН 30 МПа$\sqrt{}$м. Существенное расхождение в скорости роста трещины между образцами с разными структурами начинается при значении КИН равной 15 МПа$\sqrt{}$м и ниже, Рис.27 (а).

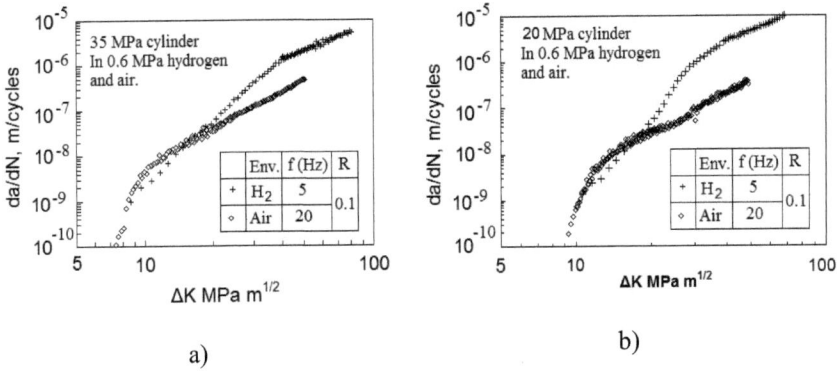

Рис.26.　Кривые роста усталостных трещин в 0,6 МПа водороде и в
воздухе у типа А (а) и типа В (б).

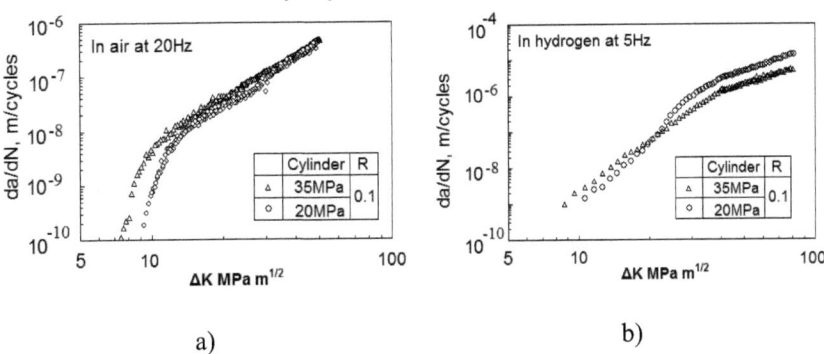

Рис.27.　Кривые роста усталостных трещин в воздухе (а) и в 0,6 МПа
водороде (б) образцов типа А (35МПа баллоны) и В (20МПа баллоны).

Для образцов, испытанных в атмосфере водорода с давлением 0.6 МПа, для
значений КИН от 40 до 80 МПа√м скорость роста трещины образца I-7
(структура В) больше скорости роста трещины образца КН-21 (структура А),
Рис.27 (б). Разница в скорости между образцами на данном диапазоне КИН в
логарифметических координатах сохраняется постоянной. При уменьшении
величины КИН начиная с 40 МПа√м, разница между скоростями уменьшается и
при значении КИН равному 20 МПа√м скорости у образцов равны, и
соответствуют величине 6.5E-08 м/цикл. При дальнейшем уменьшении КИН

скорость роста трещины образца I-6 (структура В) меньше скорости роста трещины образца КН-22 (структура А), Рис.27 (б).

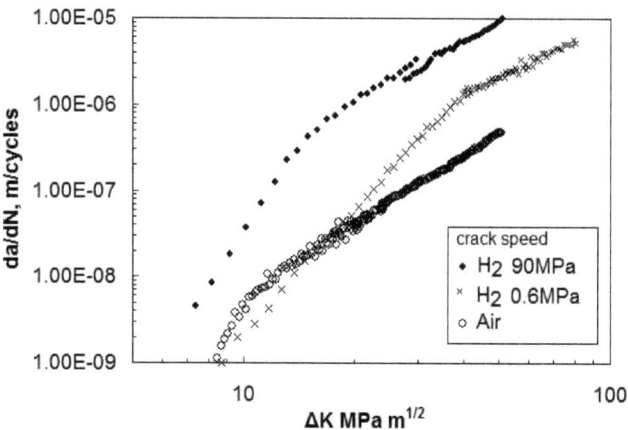

Рис.28.   Кривые роста усталостных трещин в 0.6 МПа и 90 МПа водороде и в воздухе материала тип А.

При значении КИН больше 40 МПа√м, скорость роста трещины в зависимости от КИН при испытании в водородной атмосфере с давлением 0.6МПа, больше чем для образцов с той же структурой, но испытанных на воздухе, Рис.26. При этом, зависимости скорости роста трещины от КИН для образцов испытанных на воздухе и в водородной атмосфере параллельны друг другу в логарифметических координатах, Рис.26 . При уменьшении КИН с 40 МПа√м разница между скоростями у образцов, испытанных на воздухе и в водородной атмосфере, начинает уменьшаться. При КИН равному 17 МПа√м и скорости роста усталостной трещины 2.81E-08 м/цикл для структуры типа А, а для структуры типа В при КИН равному 17.5 МПа√м и скорости 2.41E-08 м/цикл скорости роста трещин в водородной атмосфере и на воздухе равны друг другу, Рис.26. При дальнейшем снижении КИН до величины 8.46 МПа√м для образца со структурой типа А и до 10.64 МПа√м для образца со структурой типа В, скорость роста трещины в водородной атмосфере становится ниже скорости роста трещины на воздухе. При дальнейшем снижении КИН скорости роста трещин на воздухе и в водородной атмосфере становятся равными - для образца со структурой А, при значении КИН 8.5 МПа√м и скорости роста трещины 10^{-9} м/цикл, а для образца со структурой В при КИН 11.6 МПа√м и скорости 2.4E-09 м/цикл, Рис.26.

При сравнении динамики роста трещины образцов, испытанных в водородной атмосфере с давлением 0.6Мпа, можно заметить, что при малых значений КИН скорость роста трещины образцов с структурой типа А больше чем у образцов со структурой типа В. Однако начиная с 20 МПа√м, наблюдается значительное ускорение скорости роста трещины для образца с структурой типа В и при дальнейшем возрастании КИН, скорость роста трещины в водороде с давлением 0.6МПа у образцов с структурой типа В больше чем у образцов с структурой типа А, Рис.27 (б).

Динамика роста трещины у образцов, испытанных в водороде при давлении 90Мпа, показывает, что на всем диапазоне КИН скорость роста усталостной трещины больше, чем у образцов, испытанных на воздухе и в водороде при давлении 0.6МПа, Рис.28. Важно отметить, что при значении КИН равной 14.9МПа√м, наблюдается перелом в графике роста трещины, т.е. дискретное изменение скорости роста трещины. Аналогичный перелом виден в динамике роста трещины для образца, испытанного в водороде при давлении 0.6МПа, при значении КИН – 40 МПа√м.

2.3.Фрактографический анализ

2.3.1. Общий вид поверхности излома

Фрактографический анализ показал следующую динамику смены механизма разрушения в процессе изменения КИН.

На малых значениях КИН наблюдается смешанный характер излома, соответствующий как межзеренному, так и внутризеренному разрушению, Рис.29 (а). Для образцов, испытанных на воздухе и в водородной атмосфере при давлении 0.6МПа, площадь участков межзеренного разрушения в процессе снижения КИН во время испытания повышается, достигая определенного максимума, и потом происходило уменьшение доли межзеренного излома.

Для образцов, испытанных в атмосфере и имеющих структуру типа А, участки межзеренного разрушения наблюдаются до значений КИН 17 МПа√м, для образцов со структурой типа В до значений 24.7 МПа√м.

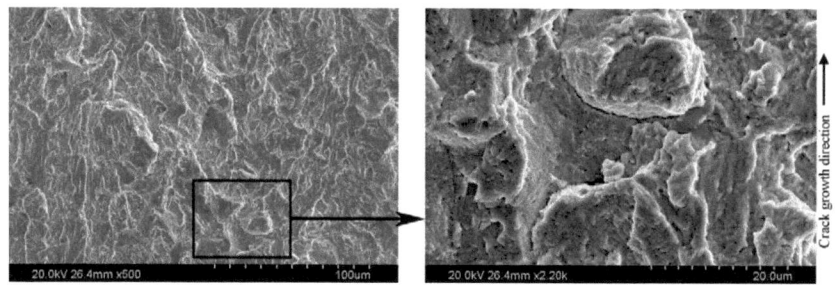

(а) Тип А (ΔK = 14.9 МПа√м; *da/dN* = 2.0E-08 м/цикл)

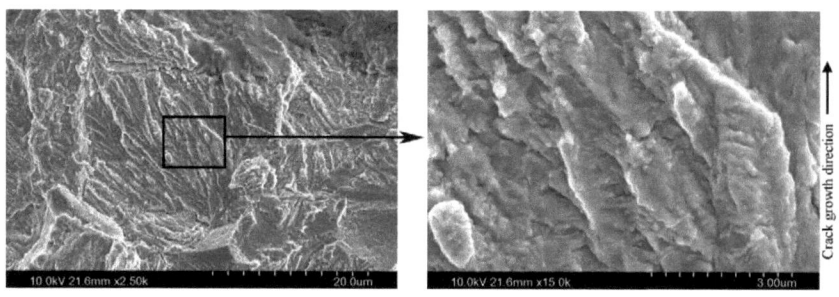

Рис.29.   Поверхности разрушения образцов испытанные на воздухе образцов типа А и В.

Для образцов, испытанных на воздухе при больших значениях КИН, наблюдается внутризеренное развитие разрушения с формированием усталостных бороздок, Рис.29(б), которое сопровождается растрескиванием материала. Растрескивания можно разделить на три типа. Первый тип - это растрескивание вдоль усталостных бороздок. Для образца со структурой типа В данный тип растрескивания сохраняется от больших значений КИН до 20-25 МПа√м, но при этом площадь участков излома с таким типом растрескивания, с

44

уменьшением КИН, сокращается. Для образца КН-24 данный тип растрескивания сохраняется до значений КИН около 18 МПа√м. Локально такой тип растрескивания можно наблюдать и при меньших значений КИН.

Второй тип растрескивания - это глубокие трещины. Плотность таких растрескиваний невелика, однако длина таких трещин по поверхности может достигать 200 мкм при максимальных значений КИН. В основном такие растрескивания ориентируются вдоль фронта трещины. Для образца с структурой типа В наблюдались глубокие растрескивания ориентированные и в направления роста трещины. Такие растрескивания связанны, видимо с наличием в материале включений, вытянутых вдоль роста трещины. С уменьшением КИН, протяженность такого типа растрескивания уменьшаются до 50 мкм при 20 МПа√м.

Третий тип растрескивания - это межзеренные растрескивания. Этот тип растрескивания сопровождает участки межзеренного разрушения.

Фрактографический анализ образцов, испытанных при влиянии водорода показывает, что характер излома соответствует хрупкому фасеточному разрушению, Рис.30.

Данный излом можно разделить на два типа — относительно гладкие фасетки достигающие размеров 20-30 мкм, Рис.30 (а,б,д) и области с повышенной шероховатостью, Рис.30 (в). На гладких фасетках видны ступеньки ориентированные в основном вдоль распространения трещины. Ступеньки отличаются между собой размерами. Кроме того, на поверхности излома наблюдаются частицы вытянутой формы, от которых часто формируются мелкие ступеньки. В области с повышенной шероховатостью количество ступенек значительно больше и ориентированы они в произвольных направлениях, хотя большие ступеньки в основном направлены в сторону роста трещины. Природа формирования таких ступенек связана с кристаллографической структурой материала. Характер изломов указывает на низкую пластичность развития разрушения. Можно предположить, что выбор типа излома — гладкие или шероховатые фасетки зависит от ориентации кристаллографической структуры участка материала. На изломе наблюдается хрупкое растрескивание материала.

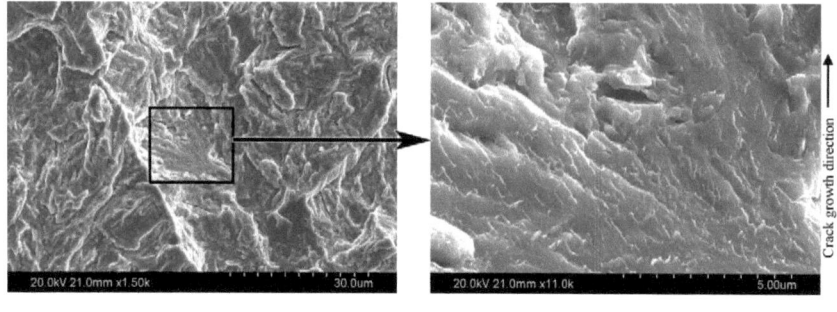

(а) Тип А (ΔK = 36.6 МПа√м; da/dN = 1.04E-06 м/цикл)

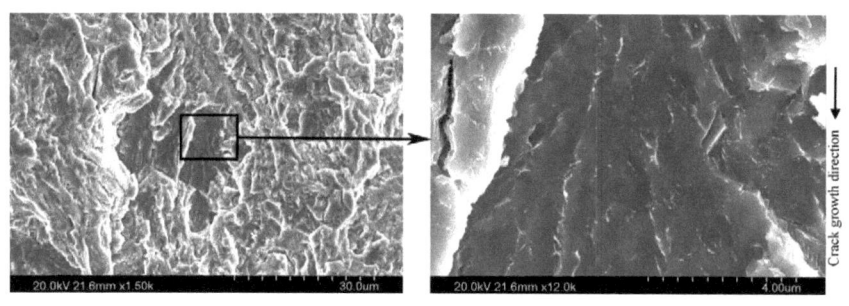

(б) Тип В (ΔK = 39 МПа√м; *da/dN* =2.8 Е-06 м/цикл)

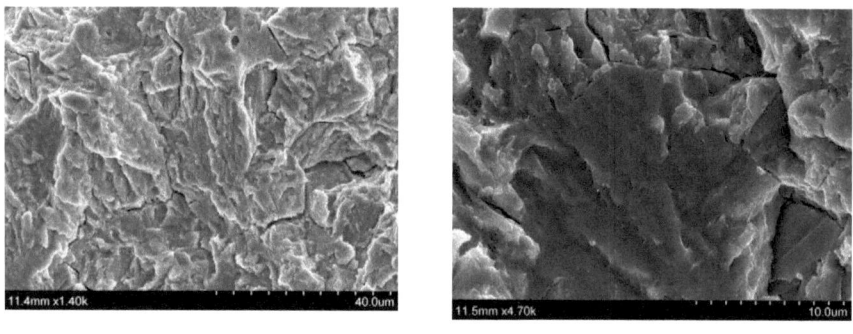

ΔK ≈ 49.4 МПа√м; da/dN = 9.09 мкм/цикл

в)

ΔK ≈ 52.7 МПа√м; da/dN = 11.60 мкм / цикл

д)

Рис.30.   Фасетки сформированные в образцах при испытаниях в водородной атмосфере с давлением 0,6 МПа у материала типа А (а) и типа В (б) и в 90 МПа водородной атмосфере для образца типа А (в, д).

46

Для образца со структурой типа А, испытанных при давлении водорода 0.6МПа наблюдаются растрескивания материала, направленные в основном перпендикулярно направлению роста трещины, Рис.31 (а). Плотность и длина таких растрескиваний не велика и соответствует плотности и виду растрескивания второго типа для образцов испытанных без влияния водорода. Плотность растрескиваний у материала типа А испытанного при давлении водорода 90 МПа больше чем после испытаний с давлением 0.6 МПа, Рис.31(б).

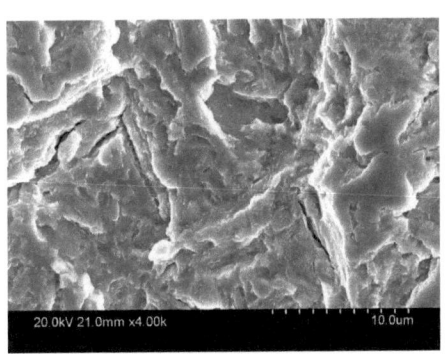 

$\Delta K \approx 37.7$ МПа$\sqrt{\text{м}}$; da/dN = 1.06 мкм/цикл

a)

$\Delta K \approx 43.0$ МПа$\sqrt{\text{м}}$; da/dN = 6.23 мкм/цикл

b)

Рис.31.   Разрушение в 0.6 МПа (а) и 90 МПа (б) водородной атмосфере для материала типа А с растрескиванием.

Для образца со структурой типа В при больших значениях КИН видны глубокие растрескивания вытянутые в сторону роста трещины, в которых наблюдаются включения. Данные растрескивания аналогичны глубоким растрескиваниям образцов, испытанных без влияния водорода.

В процессе снижения КИН, у образцов испытанных при давлении водорода 0.6МПа начинают появляться области межзеренного разрушения материала, Рис.32. При этом практически полностью пропадают области с гладкими фасетками. При уменьшении КИН плотность участков с межзеренным разрушением возрастает, а вид внутризеренного разрушения соответствует

47

разрушению для образцов испытанных без влияния водорода, с растрескиванием материала первого типа. Также зафиксированы области излома с формированием усталостных бороздок, имеющий вид аналогичный для образцов, испытанных без влияния водорода. На заключительной стадии роста трещины площадь межзеренного разрушения уменьшается, и появляются признаки фреттинга.

 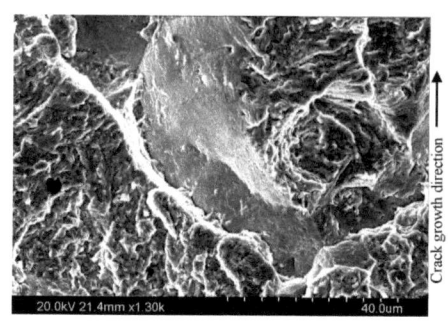

(а) 35 МПа ($\Delta K = 23.6$ МПа√м; $da/dN =$ 1.2Е-07 м/цикл)

(б) 20 МПа ($\Delta K = 21.6$ МПа√м; da/dN =8.0Е-08 м/цикл)

Рис.32.   Межзеренное разрушение образцов типа А (а) и В (б) испытанных в водороде с давлением 0.6 МПа.

Изломы образцов, испытанных при давлении 90Мпа, соответствуют хрупкому фасеточному разрушению на всем диапазоне КИН. Так же наблюдается растрескивание материала, аналогичное растрескиванию излома образцов, испытанных при давлении водорода 0.6МПа, но плотность такого растрескивания у образцов, испытанных при давлении 90Мпа, больше. На всем диапазоне КИН видны отдельные участки межзеренного разрушения.

2.3.2. Распределение доли межзеренного разрушения в изломе в зависимости от коэффициента интенсивности нагружения

Были определены изменения соотношения между внутризерннным разрушением и межзеренным в зависимости от значения КИН. Для образца КН-

22 (структура типа А), который испытывался на воздухе, было обработано 93 фотографий, для образца I-6 (структура типа В), который также испытывался на воздухе, - 105 фотографий. Диаграммы распределения соотношения площади между внутризеренным и межзеренным разрушением для образцов типа А и В испытанных на воздухе показаны на Рис.33, испытанных при давлении 0.6 МПа водорода на Рис.34.

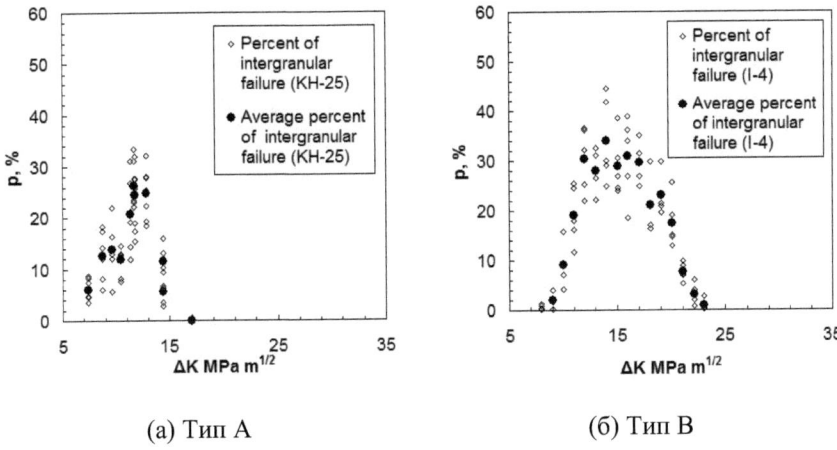

(а) Тип А   (б) Тип В

Рис.33.   Распределение процентов состава межзеренного разрушения в изломе образцов типа А (а) и В (б) испытанных на воздухе.

На полученных графиках видно, что для образцов, испытанных на воздухе при уменьшения КИН, происходит возрастание процентного содержания межзеренного разрушения, для образца КН-22 (структура А) до 25% (с локальным максимальным значением 33%) при КИН равному 18.7-19.7 МПа√м, для образца I-6 (структура В) до 36.8% (с локальными максимальными значениями 45%) при КИН равному 18.6 МПа√м, Рис.33. В дальнейшем при уменьшении КИН происходит падение процентного содержания межзеренного разрушения. Такое различие объясняется разной структурой материалов, в частности разного размера зерна.

Видно, что максимальное значение КИН, при котором наблюдаются участки с межзеренным разрушением, для образцов испытанных в водородной атмосферы одинаково и равно 27 МПа√м., Рис.34. Минимальное значение КИН реализованное в процессе испытания для структуры типа А равно - КИН = 8.7 МПа√м и Р= 7%, для структуры типа В (Рис.20)- КИН = 10.6 МПа√м и Р= 16.8%. Максимальное усредненное значение процентного содержание межзеренного разрушения для образца с структурой А (образец КН-22) меньше, чем для образца с структурой В (образец I-6). Сравнивая распределение Р для образцов испытанных на воздухе и в водородной атмосфере, видно, что максимальное значение усредненного значения доли межзеренного рельефа не изменилось и для образца со структурой типа А соответствует ≈25 %, а для структуры типа В ≈35 %, Рис.33 и Рис.34. Однако диапазон значений КИН при которых существует межзеренное разрушение для образцов испытанных при водородной атмосфере больше, чем для образцов испытанных в атмосфере. Особенно, значительное повышение диапазона значений КИН наблюдается для образца со структурой А. На Рис.35 показаны изменения соотношения межзеренного разрушения к внутризернному вместе со средней скоростью разрушения.

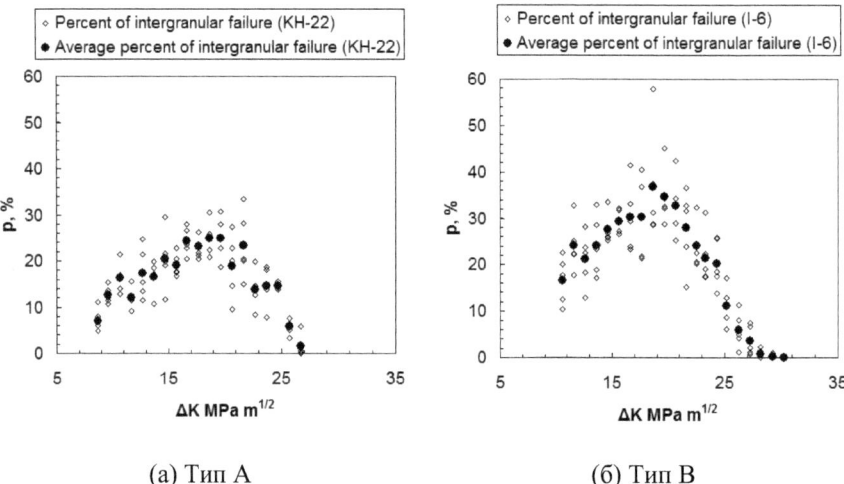

(а) Тип А   (б) Тип В

Рис.34.   Распределение процентов состава межзеренного разрушения в изломе образцов типа А (а) и В (б) испытанных в 0.6 МПа водороде.

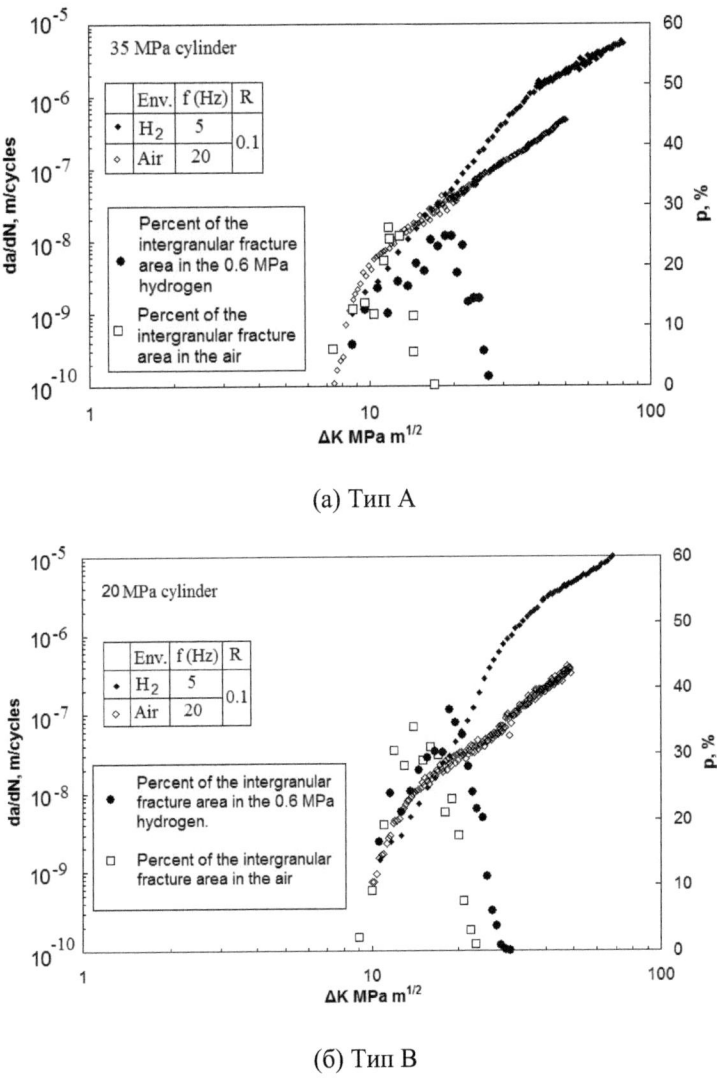

(а) Тип А

(б) Тип В

Рис.35.   Кривые усталостного распространения трещин da/dN-ΔK и
зависимость p-ΔK у материалов типа А (а) и В (б).

Распределение усредненного значения соотношения площади межзеренного к внутризеренного разрушению образца KTL-52, который испытывался при водородной атмосфере с давлением 90МПа показано на Рис.36. Видно, что межзеренное разрушение наблюдается на всем диапазоне КИН. Однако, также наблюдается локальный пик значений и этот локальный пик находится на аналогичном диапазоне значений КИН, соответствующих распределению процентного содержания межзеренного разрушения для образца, который испытывался на воздухе, Рис.33.

Максимальное значение усредненного значения процентного содержания межзеренного разрушения этого локального пика для образца испытанного при давлении водорода 90МПа совпадает со значением и расположением максимальной величины процентного содержания межзеренного разрушения для образца, испытанного на воздухе. Начиная со значения КИН 18МПа√м и выше, наблюдается стабилизация среднего значения соотношения площадей межзеренного и внутризеренного разрушения на уровне 12%, но при этом значительно усилился разброс данных. При значении КИН равному 34 МПа√м видно локальное падение значений процентного содержания межзеренного разрушения до уровня 6%, Рис.36.

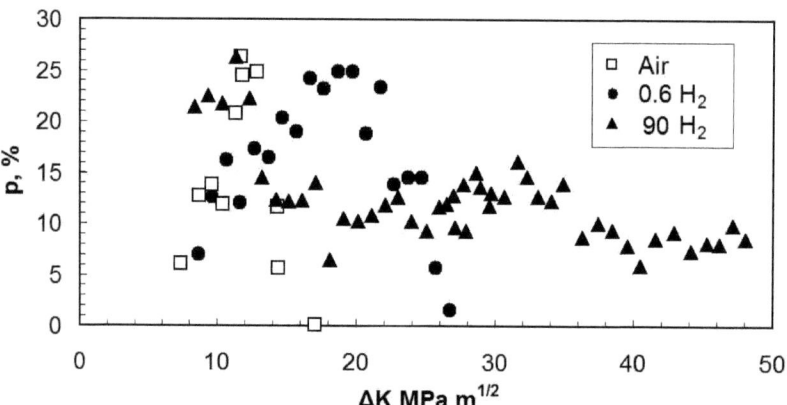

Рис.36.   Распределение процента состава межзеренного разрушения в изломе образцов типа А испытанных на воздухе, 0.6 МПа и 90 МПа в водороде.

2.3.3. Фрактографический анализ формирования усталостных бороздок и усталостных линий

Проводились измерения шага усталостных бороздок образцов на различных участках излома, у которых определялись значения КИН и средней скорости роста трещины.

У обоих образцов, испытанных на воздухе, наблюдаются формирование усталостных бороздок, имеющих традиционный вид и форму, Рис.37.

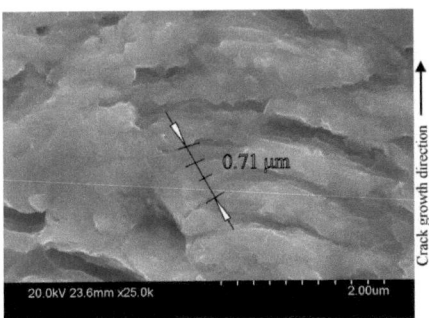 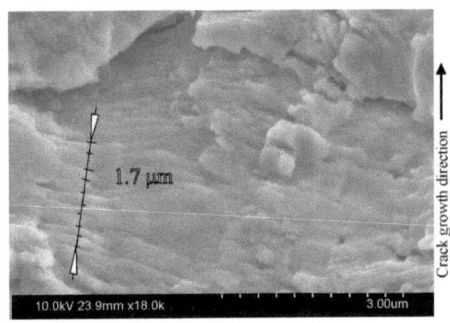

(а) Тип А (ΔK = 36.5 МПа$\sqrt{}$м; *da/dN* =1.8E-07 м/цикл; s=0.24 мкм)

(б) Тип В (ΔK =37.2 МПа$\sqrt{}$м; *da/dN* =1.8E-07 м/цикл; s = 0.18 мкм)

Рис.37.   Усталостные бороздки у образцов типа А (а) и В (б) испытанных на воздухе.

При больших значениях коэффициента интенсивности напряжения, средние размеры усталостных бороздок соответствуют средней скорости роста усталостной трещины, Рис.38. В процессе испытания, при достижении определенного значения КИН, происходит падение среднего размера шага усталостной бороздки в сравнении со средней скорости роста трещины. Однако, для образца материала типа В такое падение происходит раньше, чем для образца типа А. Для образца типа В начало падение длины усталостной бороздки происходит при значении КИН 30 МПа$\sqrt{}$м, а для типа А при 24 МПа$\sqrt{}$м, Рис.38. Это падение стабилизируется на размере усталостной бороздки около 20нм.

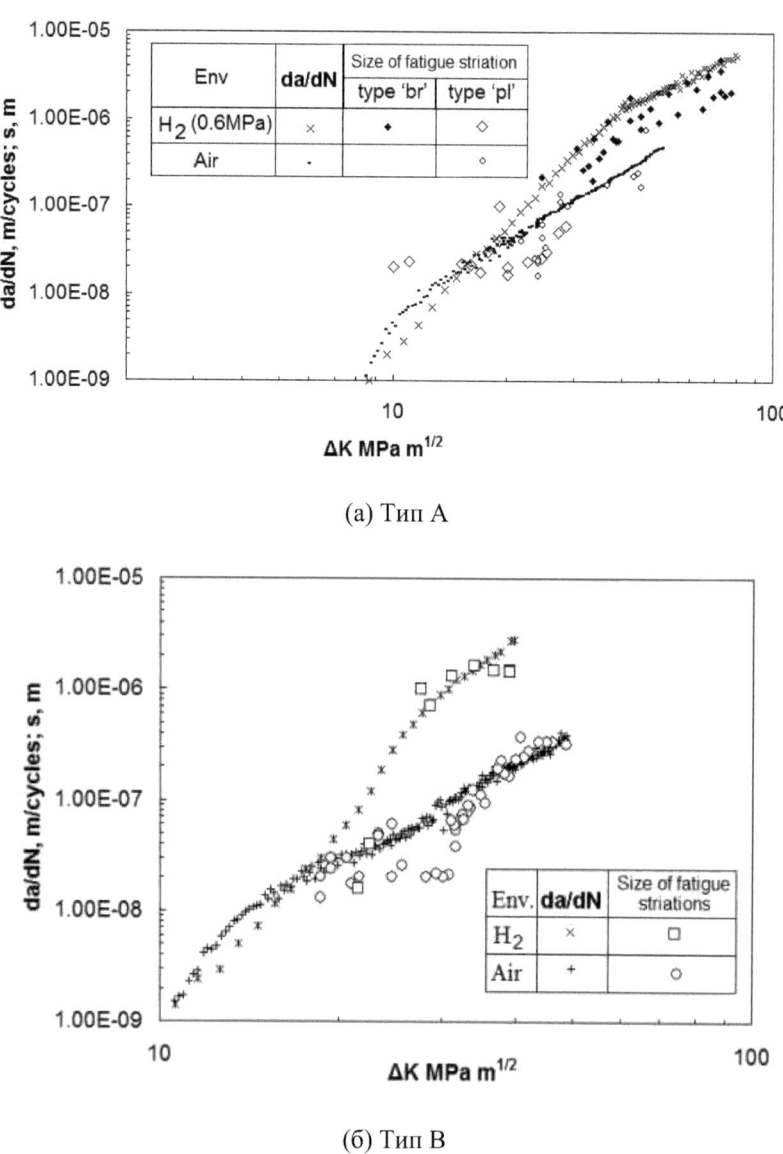

(а) Тип А

(б) Тип В

Рис.38.   Скорость усталостной трещины, da/dN,и размер усталостной
бороздки, s, для материала типа А (а) и В (б).

Для образца I-5 (тип В) минимальный размер усталостной бороздки, равный 20нм, сохраняется от 30 МПа√м до 24 МПа. При этом, наблюдаются отдельные участки рельефа, на которых размер шага усталостных бороздок находился в диапазоне от 20 нм до средней скорости роста трещины. Отсутствие на данном диапазоне значения КИН корреляции между средним размером усталостной бороздки и скорости роста трещины связано с тем, что на данном диапазоне реализуется смешанный механизм разрушения материала. Механизм разрушения в этой области для внутризеренного разрушения также меняется от формирования усталостных бороздок к рельефу типа строчечность, который непосредственно связан с кристаллографической структурой материала.

Первые признаки разрушения по механизму строчечность можно отметить при КИН равному 25-26 МПа√м. С уменьшением величины КИН, площадь областей соответствующих механизму строчечность растет. В области малых значений КИН основным механизмом разрушения становится формирование строчечности.

Анализ изломов образцов испытанных при воздействии водорода показывает, что на гладких фасетках можно визуально выделить условные линии, Рис.39 (б) и Рис.40.

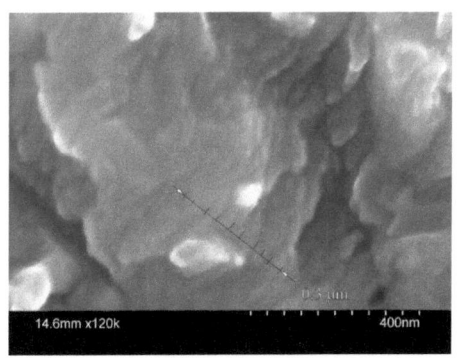 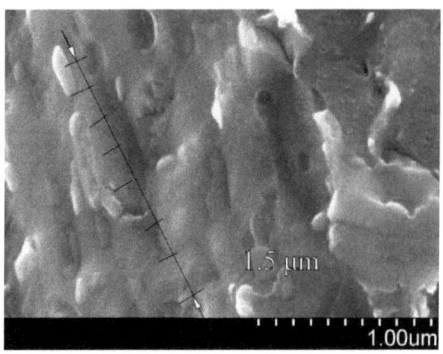

(ΔK ≈ 25.4 МПа√м; da/dN = 0.17 мкм/цикл s= 0.03 мкм)

a)

(ΔK ≈ 24.6 МПа√м; da/dN = 0.15 мкм/цикл; s= 0.21 мкм)

b)

Рис.39.   Усталостные бороздки сформированные при испытаниях в 0.6 МПа водороде типа 'pl' (а) и типа 'br' (б) в зоне, где происходит смена типа усталостной бороздки с типа 'pl' в тип 'br' у материала типа А.

Можно предположить, что данные линии сформировались в процессе остановки и старта трещины во время изменения цикла нагружения. Первый тип усталостных бороздок -«pl», имеет традиционный вид Рис.39(а), второй тип - «br», формируется под воздействием водорода,Рис.39 (б) и Рис.40.

Для образцов, испытанных при давлении водорода 0.6 МПа, при малых значениях КИН наблюдается падение размера усталостных бороздок по сравнению со средней скоростью роста трещины, аналогично изменению размера усталостных бороздок в зависимости от КИН для образцов, испытанных на воздухе. При этом происходит смена типа усталостной бороздки от типа «br» к типу «pl», Рис.39. Данный переход наблюдается при значении КИН 25 МПа√м. При таких значениях КИН можно видеть усталостные бороздки обоих типов. Минимальный размер усталостной бороздки типа «br» равен 0.2 мкм. При больших значениях КИН средний размер усталостной бороздки типа «br» соответствует средней скорости роста трещины.

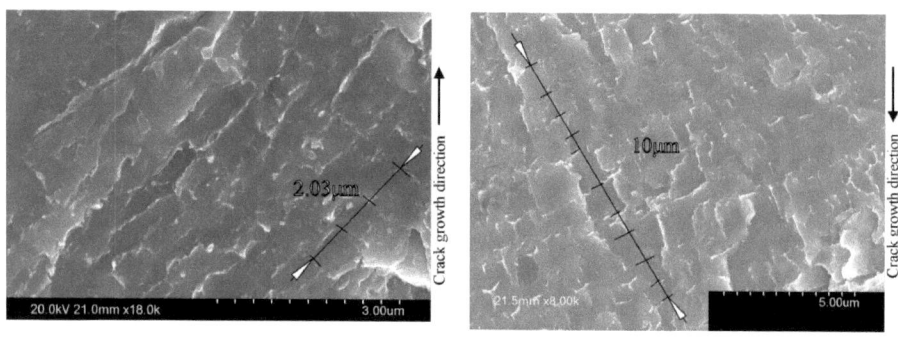

(а) 35 МПа (ΔK = 38.7 МПа√м; *da/dN* =1.17Е-06 м/цикл; s=0.68 мкм)

(б) 20 МПа (ΔK =27.6 МПа√м; *da/dN* =6.0Е-07 м/цикл; s = 1 мкм)

Рис.40.   Усталостные бороздки типа «br» при испытаниях в 0.6 МПа водороде у материалов типа А (а) и В (б).

Для образцов, испытанных при давлении водорода 90 МПа, все обнаруженные усталостные бороздки соответствует типу «br». При малых значениях КИН, средний размер усталостной бороздки соответствует средней скорости роста трещины, Рис.41. При минимальном значении КИН, реализованном в испытании, наблюдается начало стабилизации размера усталостной бороздки данного типа и минимальный размер усталостной бороздки равен 0.2 мкм, Рис.41.

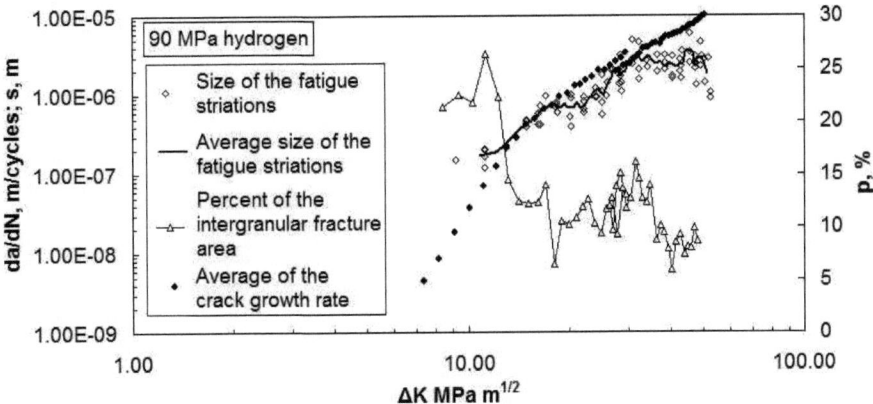

Рис.41.   Совмещенный график зависимости da/dN-ΔK, s-ΔK и p-ΔK для материала типа А при испытаниях в водороде с давлением 90 МПа.

При значениях КИН выше 20 МПа√м начинается запаздывание размера усталостной бороздки по сравнению со средней скорости роста трещины. Когда КИН достигает значений 33 МПа√м, средний размер усталостной бороздки стабилизируется на уровне 4-5 мкм. Одновременно наблюдается падение среднего значения процентного содержания межзеренного разрушения с 13% до 9%, Рис.42.

Были проведены вторичные испытания образца в данном диапазоне КИН, но с увеличением КИН в процессе роста трещины (образец KTL-52). Анализ зависимости размера усталостных бороздок в зависимости от КИН показал схожую ситуацию.

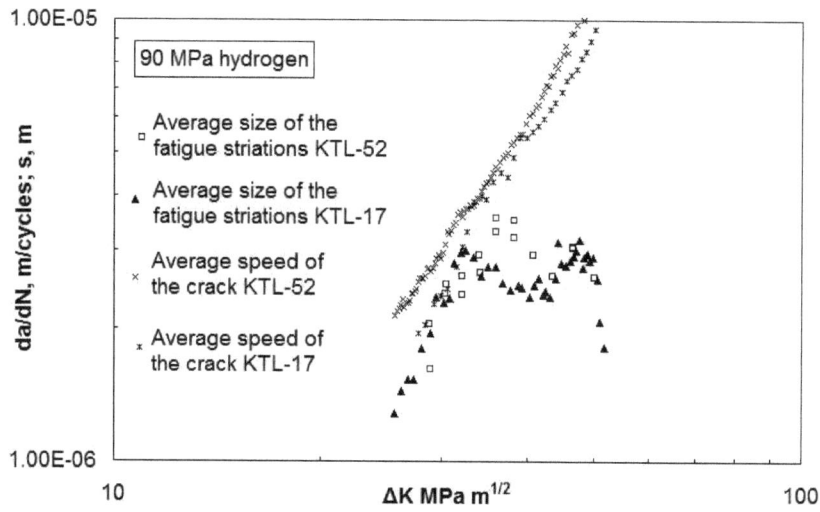

Рис.42.   График зависимости da/dN-ΔK, s-ΔK для материала типа А при испытаниях в водороде с давлением 90 МПа.

2.3.4. Фрактографический анализ излома, находящегося вне зоны усталостной трещины, полученного с помощью хрупкого статического долома образца

После остановки усталостного испытания образца KTL-52 (Тип А), был проведен анализ поверхности излома, сформированного в процессе статического долома и находящейся за зоной усталостного роста трещины. Образец KTL-52 был испытан в водородной атмосфере при давлении 90МПа. Испытания были остановлены, когда скорость роста трещины была равна da/dN =1.1E-05 м/цикл при КИН 51 МПа√м. В зоне статического излома, примыкающего к зоне остановки усталостной трещины, были обнаружены ряд участков излома, вид которых отличается от вида излома, сформированного в результате хрупкого статического долома трещины. Данные участки излома покрыты фреттинговыми частицами, которые формируются только в процессе усталостного нагружения образца. В основном, данные участки были найдены в

58

непосредственной близости от границы остановки роста усталостной трещины (10-50мкм) и могут указывать, что в процессе ускоренного роста усталостной трещины, могут формироваться вторичные трещины перед основным фронтом трещины. Необходимо также заметить, что было обнаружено несколько подобных участков, находящихся на достаточно большом расстоянии от фронта трещины (4-5мм).

Рис.43.   Локальная область (отмечено белой пунктирной линией) находящаяся в области хрупкого долома на расстоянии 27 мм от усталостной трещины.

2.4. Анализ результатов исследования

Для обоих типов образцов (тип А и В), испытанных на воздухе, смена механизма разрушения в зависимости от КИН происходит аналогичным образом. При больших значениях КИН, разрушение происходит с формированием усталостных бороздок и растрескиванием материала. Размер усталостных бороздок соответствует средней скорости роста усталостной трещины. При достижении определенного значения КИН, размеры усталостных бороздок резко снижаются по сравнению со средней скоростью разрушения, Рис.38. Данное явление можно объяснить тем, что при достижении определенного значении КИН происходит смена механизма разрушения, связанного с формированием усталостных бороздок, на другой механизм, при котором существенную роль оказывают кристаллографическая структура на данном участке излома, его тип и ориентировка. На отдельных зернах металла складывается благоприятные условия для формирование усталостных бороздок, но при этом большую роль оказывает взаимодействие размера зерна с размером пластической зоны, формируемой перед усталостной трещины. Это приводит к определенному упрочнению вследствие ограничения зоны распространения пластического течения материала через границы зерна материала и как вследствие этого происходит снижение размера усталостной бороздки по сравнению со средней скорости роста усталостной трещины. При этом отмечаются отдельные бороздки, имеющие размеры соответствующие среднему росту трещины. В основном такие бороздки были найдены в зоне межзеренного разрушения.

При дальнейшем снижении КИН, начинают появляться области с межзеренным разрушением, а в области внутризеренного разрушения, рельеф излома соответствует типу строчечности. Участки с межзеренным разрушением достигают максимума, когда наблюдается перегиб в скорости роста усталостной трещины. После чего при снижении КИН, площадь области с межзеренным разрушением уменьшается и доминирующим механизмом разрушения становится формирования рельефа типа строчечности. Однако, смена стадий разрушения у этих образцов происходит при разных значениях КИН. Можно отметить, что стадия межзеренного разрушения для образца с типом структуры B более существенна, чем для образцов со структурой типа A. В результате значение dKth у материала с структурой типа B больше, чем у материала с структурой типа A.

Для образцов, испытанных при водородной атмосфере с давлением 0.6МПа, наблюдается следующие стадии смены механизма разрушения. При больших значениях КИН характер излома соответствует хрупкому фасеточному разрушению. При снижении КИН начинают появляться области межзеренного разрушения, вид областей с внутризеренным разрушением соответствует виду разрушения для образцов испытанных на воздухе. В этой области были выявлены усталостные бороздки имеющие аналогичный вид, что и бороздки, сформированные при испытании на воздухе (тип 'pl'), Рис.39. Значение размера шага усталостных бороздок примерно соответствует размерам усталостных бороздок, формирующихся без влияния водорода. При этом средняя скорость роста трещины в этой области больше, чем размер усталостных бороздок. Данный переход на механизм разрушения, который аналогичен для образцов испытанных на воздухе, можно объяснить тем, что при уменьшении КИН, уменьшается количество водорода поступающего в основной материал из вершины трещины. В результате основной механизм разрушения соответствует механизму, реализованному во время испытания на воздухе, однако наличие водорода все-таки оказывает влияние на развитие разрушения в материале. На это указывает то, что есть участок в динамике роста трещины, где средняя скорость роста трещины образцов, испытанных при атмосфере водорода 0.6МПа, меньше средней скорости роста усталостной трещины образцов, испытанных на воздухе. Для объяснения данного феномена необходимо проанализировать распределение процентного содержания межзеренного разрушения для образцов испытанных на воздухе и в водороде при давлении 0.6МПа.

Литературные данные показывают, что максимальное значение процентного содержания межзеренного разрушения соответствует ситуации, когда размер пластической зоны, формируемой от вершины трещины соответствует размеру зерна, [5]. В случае усталостного испытания образца пластическая зона вычисляется по следующей формуле [6]:

$$r_{pl} = \frac{1}{3\pi}\left(\frac{\Delta K}{2\sigma_{yc}}\right)^2 \qquad (1)$$

где σ_{yc} —усталостное напряжение текучести;

Соотношение между цикличным напряжением текучести и статическим пределом прочности определяется следующим уравнением [7]:

$$\sigma_{yc} = 0.608\sigma_B \qquad (2)$$

Используя уравнение (1) и (2), получим следующее уравнение:

$$r_{pl} = \frac{1}{3\pi}\left(\frac{\Delta K}{1.216\sigma_B}\right)^2 \qquad (3)$$

Максимальное процентное содержание межзеренного разрушения для образцов, испытанных на воздухе, соответствует следующим значениям КИН; для материала с структурой типа А $\Delta K = 12.0$ МПа$\sqrt{}$м, для материала с структурой В $\Delta K = 14.0$ МПа$\sqrt{}$м. Вычисляя размер пластических зон материалов с этими типами структур, получим следующие результаты:

$r_{pl}^A(а) = d_A = 15.1$ мкм, для материала с структурой типа А

$r_{pl}^A(б) = d_B = 21.7$ мкм, для материала с структурой типа В

где $r_{pl}^A(а)$, $r_{pl}^A(б)$ – размер пластической зоны трещины, когда излом формируется с максимальным значением процентного содержания межзеренного разрушения, d_A, d_B - эффективный размер микроструктуры (средний размер зерна).

Разница в размере микроструктуры объясняет разные значения ΔK_{th}, так как по уравнению Нолла Патча [8], увеличение размера зерна приводит к увеличению ΔK_{th} и понижению σ_y. Размер микроструктуры материала типа А ($d_A = 15.1$ мкм) меньше микроструктуры материала типа В ($d_A = 21.7$ мкм), в результате для материала типа А - $\Delta K_{th} = 7.4$ МПа$\sqrt{}$м и $\sigma_B = 824$ МПа, для материала типа В - $\Delta K_{th} = 9.1$ МПа$\sqrt{}$м и $\sigma_B = 807$ МПа.

Распределения среднего содержания межзеренного излома в зависимости от КИН для образцов испытанных на воздухе и в водороде 0.6 МПа показывают, что для образцов испытанных в водороде значение величины КИН, соответствующего максимальному значению процента межзеренного излома, смещается в сторону увеличению. Однако важно заметить, что при этом само значение максимального процентного содержания межзеренного разрушения при этом не меняется и для материала с типом А равен 26%, а для материала типа В – 34%, Рис.35. То, что эта величина не меняется, указывает на то, что сам механизм формирования межзеренного излома не изменяется при испытании в водороде с давлением 0.6МПа. Смещение распределения межзеренного разрушения связано с изменением пластической зоны в вершине трещины. Введение водорода в материал приводит к блокированию распространения дислокаций и как в следствии, зона пластической деформации уменьшается, [9]. С учетом неизменности структурных размеров это приводит к смещению пика распределения процентного содержания межзеренного разрушения в сторону больших значений КИН. При этом плотность дислокаций в зоне пластического течения материала в вершине трещины может увеличиться, что приводит к локальному упрочнению материала. Это объясняет, почему наблюдается снижение скорости роста трещины на этом диапазоне КИН. Данный эффект работает только в условиях неизменности механизма разрушения материала. Когда у образцов, испытания которых проходили на воздухе, при повышении КИН происходит смена механизма разрушения на формирование усталостных бороздок типа «pl», то скорость роста усталостной трещины снижается по сравнению с образцами, у которых испытания проходили в водороде с давлением 0.6МПа. Это связано с тем, что формирования усталостной бороздки данного типа более энергоемкое, чем формирование квази-хрупкого рельефа и формирование усталостных бороздок хрупкого типа «br».

Используя соотношение между распределением межзеренного разрушения и размером пластической зоны от вершины трещины можно исследовать, как меняется зона пластической деформации во время испытания образца в водородной атмосфере с давлением 0.6 МПа. Принимаем, что в случае, когда процентное содержание доли межзеренного разрушения совпадает для образцов испытанных на воздухе и в водороде с давлением 0.6 МПа, то размеры пластической зоны равны, Рис.44. Используя уравнение (1) и модифицируя параметр σ_{yc} в функция от КИН - $\sigma^H_{yc}(\Delta K)$, получим следующее соотношение.

$$r_{pl}{}^H = r_{pl}{}^A = \frac{1}{3\pi}\left(\frac{\Delta K^H}{2\sigma^H_{yc}(\Delta K)}\right)^2 = \frac{1}{3\pi}\left(\frac{\Delta K^A}{2\sigma_{yc}}\right)^2 \qquad (4)$$

где ΔK^H и ΔK^A коэффициент интенсивности напряжения соответственно для испытания в водороде и в атмосфере при одинаковом значении доли межзеренного разрушения. Из уравнении (4) получаем следующее соотношение:

$$\sigma^H_{yc}(\Delta K) = \frac{\sigma_{yc} \cdot \Delta K^H}{\Delta K^A} = \frac{0.608 \cdot \sigma_B \cdot \Delta K^H}{\Delta K^A}$$ (5)

где σ^H_{yc} является локальным напряжением текучести.

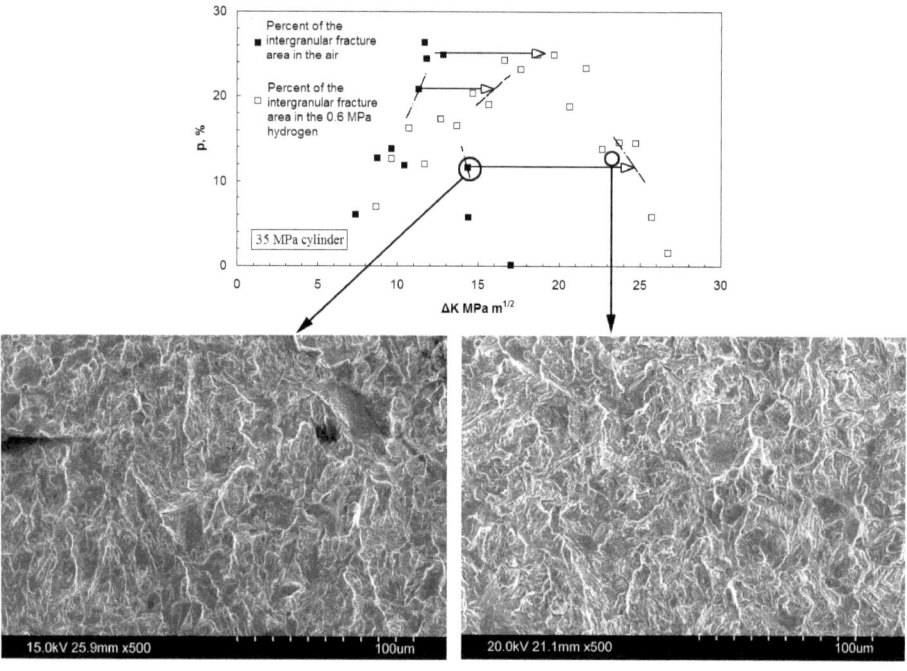

ΔK = 14.4 MPa√m; da/dN = 1.75E-08 m/cycle; P = 11.6%   ΔK = 23.7 MPa√m; da/dN = 1.21E-07 m/cycle; P =13.8%

Рис.44.   Распределение процентного состава участков интеркристаллитного разрушения в изломе (Р) для материала типа А и фотографии изломов с одинаковым значением Р, но с разными значениями ΔK сформированных при испытаниях на воздухе (левая фотография) и в водороде с давлением 0.6 МПа (правая фотография).

Результаты применения данного уравнения показано на Рис.45. Из рисунка видно линейное соотношение между σ^H_{yc} и ΔK с высоким коэффициентом корреляции. Эффект повышения локального напряжения текучести связан с повышением содержанием водорода в вершине трещины при повышении КИН. Зависимость σ^H_{yc} от ΔK можно представить в следующем виде:

$$\sigma^H_{yc}(\Delta K) = S \cdot (\Delta K - \Delta K^H_{st}) + \sigma_{yc} \qquad (6)$$

где S скорость роста σ^H_{yc} в зависимости от ΔK равен для материала типа А - S = 25.0 $\sqrt{\text{м}}$, с коэффициентом корреляции r =0.99 и для материала типа В - S = 19.8 $\sqrt{\text{м}}$ также с коэффициентом корреляции r =0.99.

Параметр S видимо связан с структурой материала и для структуры типа А он больше, чем для структуры типа В, что приводит к уменьшению разницы в скорости роста усталостной трещины в диапазоне ΔK от 10 МПа$\sqrt{\text{м}}$ до 18 МПа$\sqrt{\text{м}}$. Для материала типа В, σ^H_{yc} достигается максимум 650 МПа при значении КИН ΔK = 18 МПа$\sqrt{\text{м}}$, после которого значение σ^H_{yc} начинает понижаться с линейной зависимостью со значением S= -7 $\sqrt{\text{м}}$ и показателем корреляции r =0.99. Когда размер пластической зоны равен или превышает эффективный размер структуры материала, то это приводит к понижению локального напряжения текучести. Чем больше значение локального напряжения текучести, тем ниже скорость роста усталостной трещины [10].

У материала типа А максимальное значение σ^H_{yc} по сравнению с материалом типа В значительно больше и достигает величины 850 МПа. Значение КИН для данного максимума также больше по сравнению с материалом типа В и равен 23 МПа$\sqrt{\text{м}}$. В результате есть диапазон значений КИН (от 18 МПа$\sqrt{\text{м}}$ до 23 МПа$\sqrt{\text{м}}$), при котором разница между значений σ^H_{yc} для материалов типа А и В начинает резко возрастать. В результате на данном диапазоне значений КИН наблюдается резкое возрастание скорости роста усталостной трещины для материала типа В и при значении ΔK =23 МПа$\sqrt{\text{м}}$ скорости роста усталостных трещин у этих материалов равны, Рис.46. При дальнейшем возрастание КИН скорость роста усталостной трещины для материала типа В больше, чем для материала типа А, Рис.46.

Полученные зависимости изменения σ^H_{yc} и скорости роста усталостных трещин от изменения величины КИН для материалов с структурой типа А и В хорошо согласуются между собой.

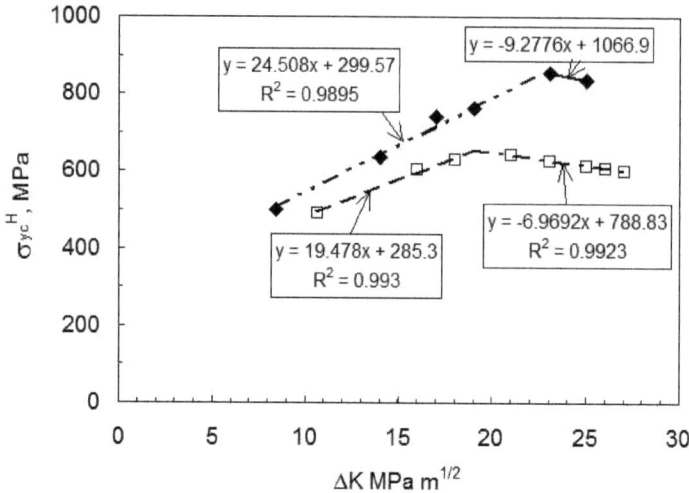

Рис.45. Зависимость локального напряжения текучести σ^H_{yc} для материалов типа А и В, от K_{max}.

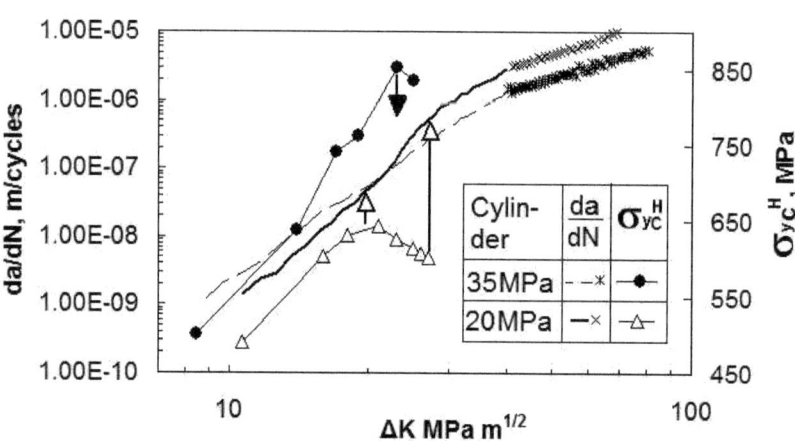

Рис.46. Совмещенный график зависимости скорости роста усталостной трещины da/dN-ΔK и локального напряжения текучести σ^H_{yc} для материала типа А (а) и В (б).

Распределение доли межзеренного разрушения для образца, который испытывали в водородной атмосфере с давлением 90 МПа, показывает, что природа формирования межзеренного разрушения иная по сравнению с формированием данного рельефа при испытаниях на воздухе или в водороде с давлением 0.6 МПа. Форма и диапазон данного распределения принципиально отлична. Однако можно заметить наличие локального пика значений процентного содержания доли межзеренного разрушения имеющий аналогичный вид, что и для образца, который испытывали на воздухе. Можно предположить, что происходит совместное влияния двух механизмов формирования межзеренного разрушения. Максимум этого локального пика находится там же, где и максимум для образца, который испытывали на воздухе. Этот факт может указывать на то, что размер пластической зоны от вершины трещины при испытании в водородной атмосфере с давлением 90 МПа одинаков с размером пластической зоны для образца при испытании на воздухе. Однако невозможно сделать вывод о форме пластической зоны вокруг вершины трещины. Возможно, форма пластической зоны в водороде принципиально отлична от формы пластической зоны формируемой в образце при испытании на воздухе.

Анализ усталостных бороздок, формируемых в образце при испытании в водороде с давлением 90МПа показывает, что на всем диапазоне значений КИН реализованных в испытании, тип усталостных бороздок соответствует типу "br". При значении $\Delta K = 11$ МПа$\sqrt{\text{м}}$ и меньше, когда скорость роста усталостной трещины меньше скорости 0.2 мкм/цикл, наблюдается стабилизация значения размера усталостной бороздки на уровне 0.2 мкм. При больших значениях КИН, до значения 19 МПа$\sqrt{\text{м}}$, размер усталостных бороздок соответствует средней скорости роста трещины. При дальнейшем повышения КИН, размер шага усталостных бороздок отстает от скорости роста трещины, Рис.41. Это можно объяснить наличием в процессе разрушения кроме участков стабильного роста трещины еще и участков со скачкообразным продвижением трещины.

При достижении величины КИН 30 МПа$\sqrt{\text{м}}$, средний размер шага усталостных бороздок стабилизируется на значении 2.7 мкм. Видимо, достигается максимальный размер усталостных бороздок, которые могут быть сформированы при устойчивом росте, а доля локальных статических проскальзываний у трещины начинает возрастать. Анализ материала находящегося за основной трещиной показывает, что находятся локальные участки, где начинают формироваться вторичные трещины внутри материала. Последующее объединения таких трещин с основной могут приводить к локальному проскальзыванию основной трещины на достаточно большое расстояние.

2.5. Выводы анализа для материала SCM435

1. Размер пластической зоны вокруг вершины трещины в образце после испытания в водородной атмосфере может определять путем измерения доли межзеренного разрушения в изломе образца;

2. Результаты испытаний показывают, что для материала с структурой типа A, ΔK_{th} составляет 7.4 МПа$\sqrt{}$м, а для типа B ΔK_{th} составляет 9.1 МПа$\sqrt{}$м. Это связано с разницей размера микроструктуры (размер зерна);

3. Для образцов, испытанных в водороде, когда ΔK больше 21 МПа$\sqrt{}$м, скорость роста трещины в материале с структурой типа A меньше, чем в материале типа B. Это связано с тем, что скорость роста локального упрочнения материала и продолжительность данного роста у материала с структурой типа A больше, чем у материала со структурой типа B. По-видимому на данное различие оказывает разный размер зерна у данных материалов;

4. В диапазоне значений КИН (от 8.46 МПа$\sqrt{}$м до 15.6 МПа$\sqrt{}$м для образца типа A и от 10.6 МПа$\sqrt{}$м до 17.6 МПа$\sqrt{}$м для образца типа B), скорость роста трещины при испытании в водороде с давлением 0.6 МПа такая же или ниже скорости роста трещины при испытании на воздухе. Это объясняется наличием локального упрочнения металла при одинаковом механизме разрушения на данном диапазоне значений КИН.

5. Для образцов, испытанных в водороде с давлением 0.6 МПа при больших ΔK, излом соответствует квазихрупкому разрушению. При уменьшении ΔK начинают появляться области межзеренного разрушения;

6. Для образцов, испытанных в атмосфере водорода при низких значениях ΔK, есть локальные участки, где наблюдаются усталостные бороздки, имеющие вид и размер аналогичным усталостным бороздкам, которые формируются при испытаний на воздухе (тип 'pl'). Средняя скорость роста трещины в этой области больше, чем размер усталостных бороздок.

7. Для материала SCM435, минимальный размер усталостных бороздок типа 'pl' составляет 0.025 мкм.

8. В образцах, которые были испытаны при давление водорода 90МПа, начиная с низких значений КИН, формируются усталостные бороздки, соответствующие хрупкому типу (тип 'br').

9. Для материала SCM435, минимальный размер усталостных бороздок типа 'br' составляет 0.2 мкм.

10. Для образцов, которые были испытаны в водороде с давлением 0.6 МПа, когда ΔK достигает 30 МПа$\sqrt{}$м есть изменение усталостных бороздок от типа 'pl' к типу 'br'.

11. В образцах, которые были испытаны в водороде с давлением 90 МПа, на всем диапазоне значений КИН, наблюдается наличие в изломе участков с межзеренным разрушением.

12. Механизмы формирования межзеренного излома различны для образцов, которые были испытаны в водороде с давлением 90 МПа и на воздухе.

13. Для образцов, которые были испытаны в водороде с давлением 90 МПа, при значении $\Delta K \approx 19$ МПа$\sqrt{}$м и больше, наблюдается снижение среднего размера усталостных бороздок по сравнению со средней скоростью роста усталостной трещины. Этот эффект можно объяснить тем, что в процессе разрушения материала присутствуют нестабильные скачки продвижения трещины, которые вносят свой вклад в среднюю скорость роста трещины.

14. Для образцов, которые были испытаны в водороде с давлением 90 МПа, когда $\Delta K \approx 33$ МПа$\sqrt{}$м или больше, размер усталостных бороздок типа 'br' стабилизируется около значения 2.7 мкм. При этом уменьшается доля межзеренного разрушения в изломе. Возможно, это связано с тем, что перед основной трещиной формируются вторичные трещины, которые в процессе разрушения соединяются с основной усталостной трещиной.

Литература

1. Y. Murakami, H. Matsunaga. The effect of hydrogen on fatigue properties of steels used for fuel cell system. // International Journal of Fatigue, Volume 28, Issue 11, November 2006, Pages 1509-1520.
2. ASTM International. E 647 – 05: Standard Test Method for Measurement of Fatigue Crack Growth Rates.
3. Y. Murakami, T. Kanezaki, Y. Mine, S. Matsuoka. Hydrogen embrittlement mechanism in fatigue of austenitic stainless steels. // Metallurgical and materials transactions A. Volume 39A, June 2008, pp. 1327-1339.
4. P. Novaka, R. Yuanb, B.P. Somerdayc, P. Sofronisa and R.O. Ritchie . A statistical, physical-based, micro-mechanical model of hydrogen-induced intergranular fracture in steel. // Journal of the Mechanics and Physics of Solids; Volume 58, Issue 2, February 2010, Pages 206-226
5. J. Masounave, J.-P. Baflon Effect of grain size on the threshold stress intensity factor in fatigue of a ferritic steel. // Scripta Metallurgica, Volume 10, Issue 2, February 1976, Pages 165-170
6. P.E. Irving, C.J. Beevers. Microstructural influences on fatigue crack growth in Ti---6Al---4V. // Materials Science and Engineering, Volume 14, Issue 3, June 1974, Pages 229-238.
7. K. Tanaka, S.Nishijima, S. Matsuoka, T.Abe, F. Kouzu. Low- and high-cycle fatigue properties of various steels specified in JIS for machine structural use. // Fatigue of Engineering Materials and Structures Vol.4, No.1,1981, Pages 97-108.
8. Y. Nakaia, K. Tanakaa and T. Nakanishib. The effects of stress ratio and grain size on near-threshold fatigue crack propagation in low-carbon steel. // Engineering Fracture Mechanics, Volume 15, Issues 3-4, 1981, Pages 291-302
9. H.K. Birnbaum, P. Sofronis . Hydrogen-enhanced localized plasticity—a mechanism for hydrogen-related fracture // Materials Science and Engineering: A, Volume 176, Issues 1-2, 31 March 1994, Pages 191-202
10. L.H. Burck, J. Weertman. A comparison of yield strength effects on brittle transgranular and intergranular fatigue crack growth rates. // Scripta Metallurgica, Volume 12, Issue 5, May 1978, Pages 417-420

Printed by Books on Demand GmbH, Norderstedt / Germany